思维导图

完整手册

[英] 东尼 · 博赞（Tony Buzan）/ 著
郭胜阳 / 译

中信出版集团 · 北京

图书在版编目（CIP）数据

思维导图完整手册 /（英）东尼 · 博赞著；郭胜阳
译 . -- 北京：中信出版社，2018.10（2024.1重印）
书名原文：Mind Map Mastery
ISBN 978-7-5086-9463-4

I. ①思… II. ①东… ②郭… III. ①思维方法－手
册 IV. ① B804-62

中国版本图书馆 CIP 数据核字（2018）第 205743 号

思维导图完整手册

著　　者：［英］东尼 · 博赞
译　　者：郭胜阳
出版发行：中信出版集团股份有限公司
（北京市朝阳区东三环北路27号嘉铭中心　邮编　100029）
承 印 者：北京利丰雅高长城印刷有限公司

开　　本：880mm×1230mm　1/32　　印　　张：6.75　　字　　数：144 千字
版　　次：2018 年 10 月第 1 版　　印　　次：2024 年 1 月第 14 次印刷
京权图字：01–2018–1343
书　　号：ISBN 978–7–5086–9463–4
定　　价：58.00 元

目录

2 如何构建思维导图？

3 如何识别真假思维导图？

4 给所有学习者的忠告

5 跳出思考边框，创造无限可能

6 人工智能将统治思维导图？

自从我们接受学校教育以来，在阅读或学习的过程中，为了记住和理解一些重要的知识点，我们养成了按部就班做常规笔记的习惯。然而，极少人能够意识到，传统线性笔记的致命弱点是面面俱到，重点不突出，不仅耗费大量的时间和精力，而且极少人愿意再去翻看。

思维导图则能帮助大脑建构一种全新的“图像思维模式”，用极简的文字、清晰直观的逻辑，以及有趣的发散结构，像地图一样去呈现大脑思考的整个过程。

思维导图可以把复杂的问题变得简单，简单到你只需要一张白纸就可以清晰地把它展现出来。它还能协助我们在组织或公司内部建立高效的“双向沟通机制”：你不仅可以通过一幅简洁的思维导图清晰、流畅地表达自己的全部观点，还可以让接受者一目了然地知道你讲的所有要点，真正让你做到“一图抵千言”。

在画思维导图的过程中，大脑会处在不断地有新发现和新关系的边缘，你的想法将以几何级数倍增，从而激发你的创造性思维。一旦你体验到思维信马由缰的成就感，你会发现自己已然成为群策群力的高手，面对问题会更加游刃有余。

我与博赞先生曾多次接触与交流，在英国卡迪夫，博赞先生特邀我和同事与他共进午餐。席间，我们一起探讨大脑的思维喜好，以及思维导图在各自生活中的帮助。他为人很谦逊，谈话中无不充满各种奇思妙想。他最大的愿望是希望思维导图可以帮助更多人。这也是我一直在践行的。

美国著名的发明家富勒博士提出："要想教给人们一种新的思维方式，就不要刻意地教他们，而应当交给他们一种工具，通过使用工具培养新的思维方式。"在我十几年的教学生涯中，通过思维导图已经帮助和影响了无数的中国青少年。不仅如此，我还把思维导图带进企业，许多人通过掌握思维导图，"逆袭"成为公司的骨干力量、职场精英，从默默无闻到一鸣惊人。思维导图帮助他们提高了时间管理能力、解决问题能力、内部沟通效率、目标制定能力、演讲陈述能力。他们通过不断地超越自己、肯定自己，创造了非凡的人生。

思维导图在全球有近 3 亿使用者，其中包括学生、教师、职场精英、教育家、经济学家、畅销书作者、知名企业家，以及世界 500 强企业等。越来越多的人通过掌握这一工具，改变了学习、工作、生活，甚至命运。

博赞先生的这本新书将告诉你，如何零基础掌握思维导图这一工具，让你用正确的思维方式和学习工具激活大脑。基于思维导图的设计初衷和发展乱象，《思维导图完整手册》为读者呈现了原汁原味的思维导图。

我们的大脑其实就像一座图书馆，不仅需要身强体壮的图书搬运工往里面搬运知识，而且随着时间和知识的累积，信息量会不断地增加。我们更需要一位精明的图书管理员更有效地管理这些资讯，而思维导图就是这样一个工具。

姬广亮

中国思维导图普及工程发起人

东尼·博赞授权认证讲师

多年来，我一直在用思维导图。如今，我到世界各地为商务人士、公众人物和广大听众演讲，教他们如何在个人生活和职业生涯中改善记忆和认知能力。然而，我小时候却被诊断患有阅读障碍症，我觉得自己很难集中注意力，直到现在在某种程度上仍觉得困难。后来我发现思维导图对于防治注意缺陷障碍症效果很不错。简而言之，思维导图使我能保持在正确的人生轨道上。

无论是收集、处理信息，抑或是制订行动计划、启动新项目，思维导图都是强大的工具。实际上，思维导图就像一只指导人生的大手——而我怎么推荐它都不为过！

东尼的新书《思维导图完整手册》，不仅要教会读者改变人生的方法，而且要带他们进入一个热闹的全球大家庭。从书中的故事和例子可以看出，形形色色的人使用思维导图已是全球普遍现象。这些人有一个共同的特点，即他们对思维导图的益处充满热情，并且会继续把这个好工具推荐给其他人。

我对东尼深表感激，感谢他发明了思维导图，同时也想把他的新书推荐给每一个想要改善思维和掌握思维导图的人。

多米尼克·奥布莱恩

8次世界记忆锦标赛冠军及畅销书作家

“我想找一本关于如何用脑的书。”

“到那边瞧瞧，”图书馆管理员指着一旁的书架说，“医学书籍区。”

“那里没有，”我回答道，“我已经看过那里的书目了，我不需要关于脑部手术的书，我只想学习如何使用大脑。”

管理员面无表情地看着我。“这里恐怕没有关于如何使用大脑的书，”她告诉我，“我们这里只有这些教材。”

我沮丧地离开了图书馆。自大学二年级起，课业负担日益增加，通过之前的学习方式实在得不到我想要的结果，于是我开始寻找新的学习方法。实际上，我记的笔记越多，结果仿佛越糟糕。但我还是得感谢线性思维的局限性，因为从那时起，我意识到我所谓的问题实际上意味着绝妙的机会。既然没有书来介绍如何使用大脑，那么这个领域的研究就有很大的潜力。

在随后的几年里，我学习了心理学与科学概论、神经生理学、神经语言学及语义学、信息论、记忆与记忆技巧、感知与创造性思维。我逐渐理解了人类大脑的工作原理，以及使大脑呈现最佳表现的必要条件。

讽刺的是，我的研究也使我自己学习方法中的缺点暴露无遗。我逐渐意识到自己的课堂笔记全是密密麻麻的文字，单调乏味，甚至还不如说，线性形式十分有效地把我训练成了一个白痴！熟能生巧——你练习得越好，就会变得越完美。但是，如果你练习的是错误的方法，这种练习只会让你变得更愚蠢。当我开始把线性、单调的笔记练得越来越多时，我越发感到迟钝。我急需改变思维方式和学习方法。

在研究了大脑的结构后，我找到了一直在寻找的突破口。我们的大脑至少有 1 000 亿个脑细胞，每个脑细胞都有助于我们的思维，这个事实启发了我。这些神经元的触手（树突）像树枝一样，由细胞核向外辐射，这种形态令我着迷。我还发现可以借鉴这种形态来构图，创造终极的思维工具。

事实证明这个发现对发散性思维的发展是一个重要的贡献，并进一步催生出了思维导图。

从最简单的角度来说，思维导图是一幅精细的示意图，通过参照脑细胞的结构，呈现出由中心向外辐射分支的形态，并通过关联形式逐渐演变。然而，自 20 世纪 60 年代中期思维导图创立之初，它就被证明不单单是一种极好的记笔记的方法，也是一个有效的、能够深刻启发思维的工具，用于锻炼我们脑力、智力和精神力。随后，思维导图取得了迅猛发展，也正如你将在本书中看到的那样，思维导图可用于多种用途，从培养创造力、增强记忆力，到防治阿尔茨海默病。

多年来，一直有人对思维导图存在着误解，甚至是歪曲，但我的愿景从未改变：世上所有人，无论老少，都知道什么是思维导图，知道思维导图怎样发挥作用，以及如何将思维导图运用于生活中的各个方面。

本书的目的就是告诉你，思维导图对于你个人而言有什么益处，以及思维导图自身是如何不断地成长、扩展、演变，以应对人类面临的新挑战的。

如今，随着我们进入 21 世纪，思维导图也采用了新的形式，反映出蓬勃发展的新科技带来的无限可能。思维导图依旧可以徒手来画，当然也可以通过电脑程序生成，通过互联网使用；有的被画在北极的雪地上，有的被画在山坡上，有的甚至被无人机画在天空上。

跟我一起加入这场伟大的探险吧，准备好释放你的脑力，到达前所未有的极限。

东尼·博赞

思维导图是一个创新性的思维工具，一旦掌握它，你的人生将会被改变。它不仅能够帮助你处理信息、构思创意、增强记忆力，而且能够让你充分享受闲暇时光、改良工作方式。

最初，我设计思维导图是想将它作为一种全新的记笔记的方式，使其能够用于所有通常使用线性笔记的情况，比如听讲座、接听来电、商务洽谈，以及做调查研究。然而，思维导图在其他领域的作用也很快显现了，如用于开创性的设计和计划，深刻概述一个主题，启发思考新的项目，发现解决方案，摆脱无用的思维方式，等等。你将在本书中看到思维导图的许多种巧妙运用。思维导图甚至可以被用来做练习，锻炼你的大脑，提高创造性思维的能力。

通过《思维导图完整手册》一书，你将明白思维导图能如何帮助你开动无穷的脑力，发掘真正的潜能。书中的实用练习是为了锻炼你使用思维导图的能力，你也将了解其他思维导图使用者的真实故事，他们当中有思维导图大师、世界知名专家和行业先驱，正是思维导图给他们的人生带来了彻底的改变。

> 你的大脑是一个沉睡的巨人，思维导图就是来唤醒它的！

超实用新笔记法

在 20 世纪 60 年代，当我刚开始发明思维导图的时候，我未曾想将来会发生什么。在我研究人类思维的早期阶段，我用最初版本的思维导图是为了改善学习。这个最初版本是一种结合了文字和不同颜色的笔记形式。后来我开始在笔记中画出关键词，结果发现这些关键词的比例还不到我全部笔记的十分之一，并且这些关键词能够解开核心的概念，于是我便开始改进思维导图。通过对古希腊人的研究，我意识到需要找到一种简单的方法在关键词间建立联系，为的是更容易记住它们。

古希腊人发明了许多精密的记忆系统，能够让他们完整地回忆起成百上千的事实。这些记忆系统依靠想象力和联想力来建立联系。比如，轨迹记忆法是古希腊人发明的用于增强记忆的技巧之一，也被称为“记忆之旅”、“记忆宫殿”或“思维宫殿记忆法”。

我在研究人类的思想过程时，偶然注意到了轨迹记忆法，但在进入大学第一天的第一节课上，我却不知不觉地被带入了另一种记忆法。这就是“记忆系统”——由德国作家、历史学家约翰·加斯特·温克尔曼发明的一种语音数字记忆方法。我大学时期的第一节课的讲师是一位爱讽刺人的教授。他体形似桶，有着一头红发，背着手走进教室后，就开始一个不落地点起名来。如果有人没来，教授会大声说出他们的名字、他们父母的名字、他们的生日、电话号码和家庭地址。他点完名字后，会高挑着一侧的眉毛看着我们，嘴角露出一丝冷笑。虽然他看不起我们这些学生，但不可否认的是，他是一位很棒的老师，而我为他的记忆技巧着迷。

如何构建记忆宫殿

根据古罗马演说家西塞罗的观点，轨迹记忆法（Method of Loci，loci 来自拉丁语，意思是“地点”）是一种根据空间记忆的技巧，是由古希腊抒情诗人、哲学家西蒙尼德斯发明的。

在西塞罗的《论演说家》中，有一段对话描述的是西蒙尼德斯受命在一个宴会上朗诵抒情诗的情形。他刚朗诵完不久就被叫到外面去了，就在他出去的时候，宴会厅的屋顶突然倒塌，留在宴会厅的其他宾客遇难了。一些遇难者的尸首血肉模糊、无法辨认，这是很大的问题，因为需要确认遇难者的身份，才能给他们安排合适的葬礼。可是，西蒙尼德斯却能凭借自己的视觉记忆，记得每个遇难宾客在宴会桌旁的位置，从而辨认出尸首。

这次经历使西蒙尼德斯意识到，通过选择位置并在大脑中对想要记忆的事物形成图像，每个人都可以增强记忆力。如果把这些图像按照特定的顺序储存在思维空间中，就有可能通过联想力记住所有的事物。由此而生的轨迹记忆法，在许多古希腊和古罗马的修辞论述中都有描述，而如今，它有更为大众所熟知的名字——“记忆宫殿”。

在第一节课后，当我问教授是如何掌握如此卓越的记忆技巧时，他不愿告诉我，只是说道："孩子，我是个天才。"在接下来的三个月里，我不断地试探他，直到有一天他决定告诉我们自己的秘诀，并教我们"记忆系统"。这种记忆技巧是通过简单的编码将数字转化成语声，将语声转化为单词，将单词再转化为图像的，从而储存在一座记忆宫殿里。

我的新式笔记法有赖于我对各类记忆系统不断深入的了解，并通过使用特定颜色在相关联的概念之间建立连接，从根本上简化了古希腊人的方法。虽然这种笔记法还未发展成最终的思维导图模式，但是很明显，它已经比简单的线性笔记高效得多了，相比之下，线性笔记从颜色、阅读和形式上来看实在是太单调了。如果你单用蓝色或者黑色笔做记录，这样的版面效果会很乏味，意味着你的大脑会开小差，活跃度会减退，最终你会昏昏欲睡。这也解释了为何在自习室、图书馆和会议室里"瞌睡症"到处蔓延。

我对自己的新式笔记法的效果十分满意，于是开始教小学生学习使用这个方法。看着我的学生很快提高了成绩并超过了他们的同学，我感到非常欣慰。

发散思维：天才的关系逻辑

在之后的发展阶段，我开始更仔细地思考决定着我们思维模式的层次结构，并逐渐意识到：

重点→重点的“**重点**”→“重点的‘**重点**’”的**重点**

通过这种方法，我发现了“发散性思维”的力量，我将在第一章对此展开详细的阐述。随着理解的不断深入，我逐渐开始设计思维导图的结构，并运用箭头、代码和曲线等来表现元素之间的关联。在一次与澳大利亚风景画艺术家罗琳·吉尔的重要会面中，她帮助我明确了接下来的改进步骤。会上，她提出我应当重新审视图画和颜色在思维导图结构中的作用。正是她的深刻见解，促成了如今的思维导图中图像的使用。

回顾著名历史人物的笔记，如文艺复兴时期的艺术家列奥纳多·达·芬奇、科学家居里夫人和爱因斯坦，当我拿自己的新式笔记法与他们的笔记进行对比时，我发现我的方法与他们使用图画、代码和连接线的方式有些奇妙的共同点：他们记录的文字和图表在纸上向任意方向发散，想到哪里就画到哪里，而不是保持在固定的横线上。然而，从我越来越多的学生、客户和同事的真实体验来看，我发明的这种方法简单易用，能够帮助各行各业的人：不一定非要成为一个世界级的天才并做出石破天惊的发现才能从中获益。

你可以用思维导图来解决任何问题，就这一点而言，它是擅长被用作分析的。通过运用关联逻辑，思维导图能够直指问题的核心，同时也让你有更全面的视角，它既是微观的，又是宏观的。

热议“博赞导图”

杰兹·摩尔在上“博赞导图”这门新的学习方法课之前，是一位艰苦奋斗的大学生。这门课教会他如何在纸的中心写一个主题，围绕主题写出“关键词”和“提示语”，并画线将它们连接起来，这样便不用去记忆复杂的列表了。这种简单、有效的方法让杰兹目瞪口呆。他从一开始只是一个学业上的后进生，后来成功地读完了经济与政治专业的本科，以及企业财务专业的研究生，最终获得了工商管理硕士学位。

几年后的一天，杰兹在一个闹哄哄的俱乐部里用晚餐。当与身边的客人谈到学习和教育问题时，杰兹怀着对改变他的学习方式的“博赞导图”的热情，同时也借着点儿酒力，彻底打开了话匣子，谆谆教诲身边的客人：变聪明是多么简单的一件事。他还告诉身边的客人，如果自己说得太快，可以随时打断他。杰兹一边解释着这个方法如何发挥作用，一边在餐巾纸上画出一幅导图来，并说道：“瞧，这就是‘博赞导图’。”不一会儿，客人对杰兹说：“你是真的不知道我就是东尼·博赞吗？”

我非常高兴能亲耳听到我的新式笔记法帮助杰兹改变了人生，从那之后，杰兹和我成了最好的朋友。在之后的岁月里，我也用我的思维导图方法帮助杰兹指导英国队运动员，使他们成为奥运奖牌的获得者。

模仿大脑操作规律

我在前言中曾提到，在我的研究过程中，我是如何被脑细胞的结构所触动的——看似不经意间匆匆描绘出的思维导图，却是在模仿神经元的自然结构，由细胞核延伸出相连的树突。

当我仔细琢磨这个问题时，我通常会到大自然里去走走。在大自然中，我的思维和想象会更自由。随后我恍然大悟，既然人类是自然的一部分，那么我们的思想和记录应当在某些方面反映自然：人类活动应当反映自然规律，尤其是当我们要把大脑中思考的东西表达出来的时候。

我逐渐把我的笔记法发展成一种思维工具，使其能够运用到人类活动的各个方面，同时反映出人类思维过程的创造性和发散性。这样就有了第一幅真正的思维导图。

“传统笔记法”对比“思维导图”

下表中对比了传统笔记法和思维导图的特点。

传统笔记法	vs	思维导图
线性的		多方面的
单色的		彩色的
以文字为基础		文字与图像结合
特定逻辑		关联逻辑
顺序的		多维的
有限制的		富于想象的
紊乱的		分析的

风靡世界的思维导图

今天，全世界的人们都对思维导图这一概念非常熟悉。除了思维导图大会，世界思维导图锦标赛已经在英国、新加坡、中国及其他很多国家举办。这项锦标赛会测试各种各样的科目，比如，竞赛者们需要一边听他们并不熟悉的课题或文本，一边画思维导图。最后要根据 20 项不同的标准打分，如图像效果、幽默元素（如“一语双关”)、导图的观赏性和原创性，以及是否遵循思维导图的基本原则等。

随着思维导图的普及以及由此带来的全世界人们心智素养的提高，可能有人认为思维导图如今已经进入完成时——它安全可靠，也没什么可讨论的了。遗憾的是，事实并非如此。

我最初的愿景，即每个人——无论男女老少——都应该明白思维导图的益处，有一些益处确实已经很好地体现了，但是也存在着一些问题。近几十年来，思维导图有时会被一些自称思维导图训练师的人误解和滥用，其实他们自己对思维导图的认识就存在根本性的错误，他们的实践也没有遵循构建思维导图的重要规律（你将在第二章中读到这些规律）。一旦思维导图被错误地传授，我认为有可能会最终损害思维导图的纯粹和效果。

幸运的是，思维导图有着强大的生命力。它终究是一种发展的思维模式，能够完美地适应数字时代的要求，也将适应未来的要求。

如何使用这本书

无论人生走向哪里，《思维导图完整手册》都将教会你如何使用这个强大的工具。书中内容安排富有条理，读者既可以从头到尾阅读，又能将其作为参考资料进行研究。

第一章：什么是思维导图？

本章将介绍思维导图的基本原则、阐述思维导图的基本要素、解释思维导图的工作原理，也会概述思维导图从早期文明发展到今天的历史脉络。

第二章：如何构建思维导图？

为了有效地使用思维导图，本章将介绍一些实践性的练习、有益的指南和训练方法。本章也将列出构建思维导图的规律，并着眼于思维导图在日常生活中的实际应用，包括在家庭、工作和教育中的应用，以及在创新、谋求幸福和增强记忆力方面的应用。

第三章：如何识别真假思维导图？

本章将澄清一些常见的误解，说明什么是思维导图，什么不是思维导图，旨在解开围绕思维导图的所有困惑。

第四章：给所有学习者的忠告

如果你尝试构建思维导图却不得章法，本章将介绍一些可行的步骤。本章将着力解决诸如构图、决断困难等方面的相关问题，并提供构图练习。

第五章：跳出思考边框，创造无限可能

本章将介绍思维导图广泛的应用范围，以及如何更高级地使用思维导图，指导并启发你去更深刻地体会如何创新地使用思维导图来改变人生。

第六章：人工智能将统治思维导图？

本章将着眼于未来，阐述思维导图在数字时代的应用，及其与人工智能科技的紧密联系。

我无法想象没有思维导图的人生。无论是讲课、做周计划，还是写作文、写书，我每天都在使用思维导图。思维导图改变了我的世界，其影响远远超过我的想象。相信这本《思维导图完整手册》也能帮助你得到这样的结果。

对于你们当中完全不了解思维导图的人来说，你将发现一个神奇的思维工具，并可能为之着迷；对于你们当中已经熟悉思维导图的人来说，这本书无意为你重新构造思维导图的“车轮”，只是为你导图的“车轮”安装强劲的“轮胎”，带你去从未想象的远方。

现在就开始你的思维导图之旅，发掘大脑的惊人力量吧！

01

第一章

什么是思维导图？

本章将带你进入思维导图的奇妙世界，阐释究竟什么是思维导图、思维导图有哪些关键要素，并介绍构建思维导图的基本步骤。你将探索思维导图的历史演变，了解思维导图如何影响大脑工作。最重要的是，你将逐渐理解思维导图会如何让你释放真正的潜能。

全脑思维升级训练

思维导图的魅力源于它的简单。表面上，它只是一幅绘制了信息的彩色图纸。然而，它却能有效地刺激大脑皮层的工作，通过调动善于逻辑分析的左脑和善于创造的右脑，激发全脑思维。

左右脑思维方式分工的概念，最早是在美国艺术家贝蒂·艾德华发表其开创性著作——《像艺术家一样思考》之后，才开始普及的。该书于 1979 年出版，是基于爱德华博士对神经系统科学的理解而完成的，其中特别借鉴了斯佩里博士后来荣获诺贝尔奖的左右脑分工理论，这一理论曾帮助爱德华博士创立了一种全新的绘画和教学方法。她提出，大脑通过左右分工的方式感知和处理现实：左脑支配言语和分析，右脑支配视知觉和感知。她的教学方法提倡减少左脑的过度分析，而释放右脑的表现力。后来她创立了脑半球研究教育应用中心，这项工作至今仍影响着全世界的艺术家和教师。

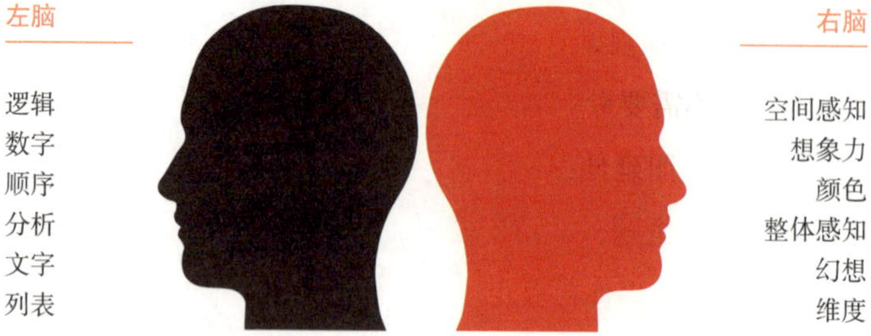

左脑和右脑支配的功能

“三招七步”构图法

那么在实践中该怎样构建思维导图呢？让我们从制作一幅简单的思维导图开始。

入门

你需要准备：

- ✓ 一大张白纸
- ✓ 一些彩色水笔或铅笔
- ✓ 大脑
- ✓ 开放的思维
- ✓ 想象力
- ✓ 一个想要探究的主题

一幅合格的思维导图具备三个基本特征：

（1）**一幅中心图，**代表你要探究的中心主题。例如，要用思维导图计划一个项目，你可以在图的中心画一个文件夹的图像。画思维导图并不需要专业的绘画技巧。

（2）由中心图**延伸出的若干主干**。这些主干分别代表与中心主题相关的一级主题，要用不同的颜色呈现。进而由主干延伸出下一级分支——如果你喜欢，可以将它们叫作枝干，依次为二级、三级分支，代表相关联的二级、三级主题。

（3）每条分支上有**一幅关键图或一个关键词**。

第一步

将纸横向放在你面前。随后用至少三种不同的颜色在纸的正中心画一幅中心图，代表你要思考的主题，如示例中的主题是“莎士比亚的戏剧”。如果你不想画这位大诗人的头像，可以用一支羽毛笔或其他简单的图像来代替。中心图将会激发你的想象力并触发联想。如果你想用一个词作为中心，就要把它与图像结合起来，并呈现出可多向放射的状态。

第二步

选一种颜色，从中心图向外画出一条粗线条的主干，就像树的主枝。你可以从中心图向外画出两条并行的细线，并让它们在末端相接。线条要自然弯曲，因为这样会具有视觉冲击力，更能刺激大脑的兴奋点，使你更容易记住主干上的信息。接着在两条细线之间着色。在你思维导图的分级中，主干的粗细意味着关联性的强弱。

第三步

在主干上方标注一个关键词。如示例中的思维导图是关于莎士比亚的戏剧，你可以在一级主干上标注“喜剧”“悲剧”“历史剧”等。或者，你可以选择画一个喜剧面具、一把匕首，抑或是一顶皇冠来代替文字标注。

1
威廉·莎士比亚
2
威廉·莎士比亚
3
喜剧
威廉·莎士比亚

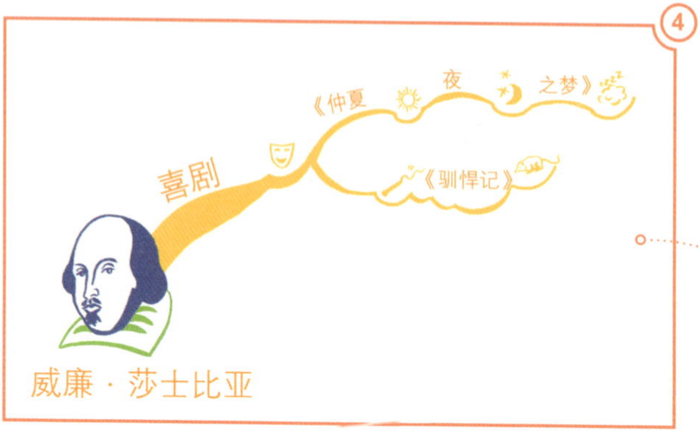
4
喜剧
《仲夏 夜 之梦》
《驯悍记》
威廉 · 莎士比亚

5
生活
诗歌
历史剧
喜剧
《仲夏 夜 之梦》
《驯悍记》
悲剧
威廉 · 莎士比亚

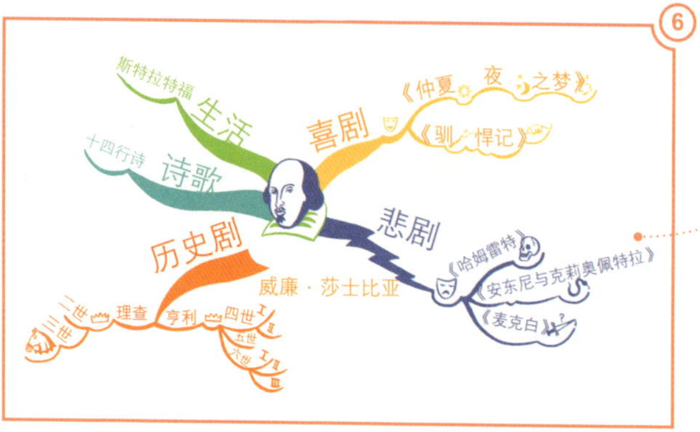
6
斯特拉特福
生活
十四行诗
诗歌
喜剧
《仲夏 夜 之梦》
《驯 悍记》
历史剧
理查
二世
三世
亨利
四世
五世
六世
悲剧
《哈姆雷特》
《安东尼与克莉奥佩特拉》
《麦克白》
威廉 · 莎士比亚

第四步

从主干延伸出二级分支，再从二级分支延伸出三级分支。在所有分支上用关键词、图像或者词与图结合的方式进行标注。将每个标记标注在自己的分支上。没必要着急填写，先在一些分支上保留空白，这样会自然而然地激励你的大脑去填充它们。

第五步

选另一种颜色，围绕中心图画下一条主干。（许多初学者感觉围绕中心按顺时针方向画最容易，其实用最适合你的方式就好。）像之前的步骤一样，从这条主干画出二级、三级分支并标注它们。接下来，继续增加主干数量到五六条即可。

第六步

现在有了主干，你就可以围绕思维导图在分支间自由地跳跃，填补空白，并随着新想法和关联的产生增加新的子分支了。

第七步

如果你愿意，可以在主干之间画出箭头、曲线或连接线来强调它们之间的联系。

好了，你已经创造了你的第一幅思维导图！

书中包含的示例在现阶段仍是半成品，还可以扩大到包含莎士比亚的全部 37 部戏剧作品、他的十四行诗和叙事诗，以及他的生平和当时的史实。如果你对这位剧作家感兴趣，抑或是你喜欢挑战，对于这幅思维导图，你可以尝试去完成自己的版本。一旦你记住了图中所有的信息，你就会对这位世界上著名作家的事迹了如指掌，并能凭借你对这位吟游诗人的了解给别人留下深刻的印象。

因为思维导图需要左右脑同时工作，所以它是多功能的，能够被运用于所有的认知功能中，包括记忆、创造、学习和各种思维形式。这就是思维导图被喻为“大脑瑞士军刀”的原因之一。它不仅有益、实用，而且有趣！

5 个法则轻松制图

我们已经看到思维导图如何能够将一个核心概念创造性地、高效地展开，让我们发现新的关联，并在想法之间建立连接以加深记忆。然而究竟是哪些关键要素使思维导图成为如此强大的思维工具呢？

虽然我们已经简单涉及了其中的一些要素，但是发散性思维、非线性的自然流动、颜色、图像和文字这些关键要素仍值得更为详细的探讨。

发散性思维

发散性思维是构建思维导图不可或缺的一部分，但是在我们探讨它之前，我想问你一个简短的问题：

不要改变你的想法。准备好，你将意识到自己想的答案是错误的。

> 你主要使用的语言是什么？

现在，让我带你做一个有趣的心理游戏，这个游戏改变了全世界数以千计人的生活。

当我问你主要使用的语言是什么时，想好你的答案。你想到的答案十有八九是错误的。你主要使用的语言并非英语、荷兰语，或是广东话这样的方言，或者是《世界语言数据库》列出的现存7 096 种语言中的任何一种。

> 你主要使用的语言是人类语言，这种语言是全人类通用的，是腹中胎儿就有的自然语言。

事实上，从我们诞生时就熟知人类语言。从出生到四个月大，婴儿开始关注距离自己 20 ~ 25 厘米的事物——刚好是看到父母脸庞的距离。对于大部分婴儿来说，他们世界里的第一幅中心图就是母亲的脸，由这幅中心图延伸出许多的关联是关于食物、爱、

自测练习

一会儿我将给你一个词，请你闭上眼睛，让大脑这台超级生物计算机运转起来。然后，当你看完这个词后，你留意一下需要花多长时间去理解它，你的大脑生成了哪些信息，以及是否想到了关于这个词的任何颜色和关联。

我给你的词是：

菠萝（PINEAPPLE）

你的“超级生物计算机”是否已经“打印”出这个单词的字母了？

P-I-N-E-A-P-P-L-E

仅仅就是拼写出来？我猜不是……

快速地写出你对下面这些问题的回答：

你的大脑想到了什么？

你想到这些信息用了多长时间？

你想到了哪些关联？

还想到些什么？

与这个词相关的颜色有哪些？

你是否还想到了别的方面，比如纹理、口味、气味，或者位置？

我预测你已经画好了一幅图，甚至是一系列的图像，它们有着多种感官的联系，色彩丰富。

如果跟我预测的差不多，那么恭喜你进入人类世界！

如果跟我预测的差不多，那么恭喜你进入人类世界！

如果跟我预测的差不多，那么恭喜你进入人类世界！

温暖、健康、睡觉和生存的。如此看来，我们天生就会用思维导图的方法去认知世界。

人类语言是大脑工作所使用的语言，它主要是通过想象和关联形成的，还需要位置的辅助（位置的重要性解释了为何在思维导图中，分支的位置能够促进你的记忆）。

所有的口语和书面语都是美丽、有意义且充满活力的。然而，它们是二级语言或者子程序。由想象和关联形成的人类语言，才是我们人类的首要语言。

通过大量围绕"pineapple"这个词自发产生的关联，你已经展现了大脑进行思考、记忆和创造活动能够表现出的无限的可能性。你的思维是发散的！它放射出无限条思路，每条思路可以再细分出无限条思路——这个过程一直持续，没有止境。

人类语言可以具象化地表现出来。当它以最纯粹的形式表现出来时，就构成了一幅思维导图。

让观点从核心概念发散出来——思维导图提倡高度个性化的思维发散。思维导图的发散型结构更容易让人发现不同分支间的关系，也更容易让人产生新的关联以填补空白，以此激励我们更长久地进行创造性的思考。

苏格拉底——雅典的牛虻

古希腊著名哲学家苏格拉底有句名言，“未经审视的人生不值得度过”。尽管一些人认为苏格拉底是好色之徒，但很少有人反驳他思想的伟大。他批评雅典市民，要他们深入思考，并把自己比作一只牛虻“叮”着这个国家，刺激人们去履行职责。从他身上可以看到层层深入剖析问题的价值。通过全方位思考来支持论点的原则也是思维导图的基础，后者可以用来对一个论点进行全面的探索。

非线性的自然流动

之前我提到，我在学生时期就发现线性笔记法能十分有效地把我训练得愚蠢。比如，按照线性顺序在列表中增加新的条目，这样的线性思维实际上是在限制思维。随着列表越来越长，你的创造性在减退，你会停止想象性、创新性的思考。所以，线性思维很可能限制你获取或保存大脑所有的可用信息的能力。

> 人类大脑并非以工具栏、菜单，或者列表的形式思考，而是自然地思考。

想象叶子的叶脉、大树的枝干，或者人类神经系统的复杂网络：这些才是大脑思考的形式。总之，为了更好地思考，大脑需要一项工具来反映出自然的、有机的思维流动——思维导图的结构便成形于此。从线性（一维）思维到横向（二维）思维，再到多维思维或发散性思维，思维导图标志着这个发展过程的后续环节。

思维导图仿照的是脑细胞的无数神经元突触和连接，从而反映着我们自身被创造和连接的形式。像我们一样，自然界也永远在变化和再生，并像人类一样有一种沟通结构。思维导图正是借鉴了这些自然结构的灵感和效率，它的自然属性体现在自然弯曲的分支上，正如我们看到的那样，这种弯曲的形式比直线形式对大脑更有吸引力。

颜色

在学生时期，当我开始用两种颜色去做笔记时，我对笔记的记忆效率提高了 100%。为什么呢?

颜色与人的右脑相关联，而文字与支配理性的左脑相关联。因此，颜色和文字相结合就能使左右脑同时工作。

此外，颜色的使用让我开始喜欢上记录的过程——趣味性也是画思维导图的一个重要元素。颜色能够激发记忆力和创造力，让我们摆脱黑白两色单调的束缚。颜色赋予图像生命，让它们更吸引眼球；颜色能够激发我们去探讨，并影响我们与其他人进行沟通交流的方式。许多研究表明，熟练地使用颜色能够：

- 引起注意
- 极大地加深理解
- 激发动力
- 鼓励热烈的交流
- 增进大脑对图像的处理和储存

颜色也可以作为一种代码。如果你在思维导图中用特定的颜色来画不同的区域和主题，就会在视觉上产生速记效果，使你更容易记住导图中的信息，并显著地提高你的记忆力。

1933 年，德国精神病学家、儿科专家海德薇格·冯·雷斯托夫在进行的一项研究中发现：受试者更容易记住以某种方式从周围环境中脱颖而出的事物。设想一下，在一份写满男孩名字的列表中，出现一个叫“海蒂”的女孩名字，并用橙色区分，你很可能就会记住“海蒂”这个名字，因为它是一个女孩的名字，并且是用不同的颜色显示的，在这样的背景下十分显眼。

在思维导图中，通过运用颜色和图像使不同的分支从周围的背景中脱颖而出，同样可以产生冯·雷斯托夫效应，也叫作“孤立效应”。

让思维导图充满生机与色彩！

图像

我们在小的时候，一般都是先学画画，后学写字。这个过程与人类从做记号到书写文字的历史演变有相似之处，以最早出现在洞穴壁画里的人为标记，经历数千年的演变——经过象形图画和象形文字——到如今的书写文字（见下一页，“思维导图的思维简史”）。

与文字不同，图像更加直观：大脑处理视觉信息要比处理文字信息快 60 000 倍。另外，图像能够激发想象，产生丰富的关联，并超越语言交流的限制（思考一下全世界所有的交通标志的效率）。与颜色相同，图像能够激励左右脑协同作用，平衡发挥语言功能和视觉功能，还能充分发挥大脑皮层的其他功能，如形态、线条和纬度。

有种说法叫“一幅画胜过千言万语”，这句话已经被诸如美国心理学家拉尔夫·哈伯教授和雷蒙德·S. 尼克森教授科学地证明过了。图像确实比文字更能有效地激活大脑。为了使思维导图中的图像更有冲击力，就要把它们画得活泼、多彩、清晰。这样看起来会更有吸引力、更动人，也更令人难忘。

文字

真正的思维导图在每条分支上仅标注一个词语。因为单个词语比短语更有冲击力，每个词语都能够触发其特有的一系列关联，从而让人产生新的想法。相比之下，短语是固定的搭配，会局限在其复合含义当中，而不能开放式地自由关联，因此作用反而被削弱了。

如果你觉得必须使用短语的话，就把短语拆开，将每个词单独地写在不同的分支上，保证这些词能够自由地延伸出下一级的子分支——但最好还是用单个词语。

每条分支上的一个词语能够充分激发你的大脑对关键词的思考，并直指问题的核心。关键词就像一个钩子，能勾起你的记忆。

思维导图的思维简史

像许多凭借着“全新”“不同”“创新”而震撼到我们的事物

一样，思维导图并非凭空出现，也不像登陆地球的外星飞船。我现在想澄清一点，我也不是某天早晨醒来一时兴起就发明了思维导图的。思维导图是人类思维自然演变的一种产物。

从上古时代开始，人类就不断地在尝试用图像来表达内心的想法，思维导图是在这个过程中自然地发展而来的。事实上，思维导图的根源可以追溯到大约 4 万年以前——迄今发现的人类最早的在洞穴岩壁上做的有意义的标记。绘画和写字都是思维可视化的表达。从石器时代到如今的 21 世纪，人类对于这两种表达方式的态度，以及两者之间的平衡，也反过来影响了思维的表达。

阿根廷圣克鲁斯省，平图拉斯河手洞中的手模壁画，距今约 9 000 年

洞穴壁画

符号表达是人类最伟大的发明之一。如早期的壁画中出现了手的模型。有一种理论认为，通过用颜料在洞穴墙壁上画出手的轮廓，我们的祖先发现了用二维的线可以描绘三维的事物。后来，人们就在壁画中描绘出马、野牛和鹿的轮廓。

苏美尔楔形文字

约公元前 3500 年，苏美尔人发明出了一种原始的会计形式，将农作物和牲畜的数目刻在泥板上。他们逐渐将动物的轮廓抽象化，用更细小的线条和形状表达原来的含义。这些象形图构成了

用苏美尔楔形文字做的管理记录，是世界上已知最古老的文字

埃及卢克索图特帝王谷，图特摩斯三世墓穴中的象形文字

最早期的书写文字的基础。

古埃及象形文字

诞生于古埃及第二王朝（约前 2890—前 2670）的象形文字是以图画为基础的。尽管一些文字代表着所描绘的事物，但更多的情况是这些象形字被用作了形声字，这意味着它们通过读音来表达含义，而不再是通过形状。这就导致了文字从看起来像什么到它指代的是什么，自此划分开来，从而能够使人研究抽象的概念，让关联性在思维发展的过程中发挥更大的作用。

古希腊

经过几个世纪的发展，古希腊人对于思维的表达更为精妙，这在他们雕塑艺术的演变中有所体现。从古风时期静态的青年男子立像，到更有现实主义色彩的人体雕像，如公元前 4 世纪雕刻家普拉克西特利斯的雕像作品。普拉克西特利斯是一位开创性的雕刻家，人们认为是他第一个创作出了独立式原尺寸的裸体女像。

古希腊雕刻家普拉克西特利斯的雕塑作品——《克尼多斯的阿芙洛狄忒》,罗马摹制品

古希腊人用立体的视角看待世界，思考人类存在于世界的意义，这些在许多思想家的事业中都有所反映，包括欧几里得、阿基米德、埃拉托色尼[①]、苏格拉底、柏拉图、亚里士多德和菲迪亚斯[②]。这些创新者不满足于只看到表面的世界，而是最大限度地拓展思维的边界，就像今天的思维导图能够帮助我们拓展思维一样。

树状图

尽管罗马帝国于公元5世纪衰落，但是拉丁文继续影响着西方思想。基督教会采用和改造了拉丁文，从而加强了人们对这一书面文字优越性的文化信仰，即拉丁文作为人们思考、创造、交流的主要语言。然而，像波伊提乌这样的哲学家还是运用了诸如《波菲利之树》这样的树状图作为教学工具，来分类归纳；精致的中世纪绘画《耶西的树》，罗列了耶稣基督的祖先，通过图文结合的形式帮助人们记忆。

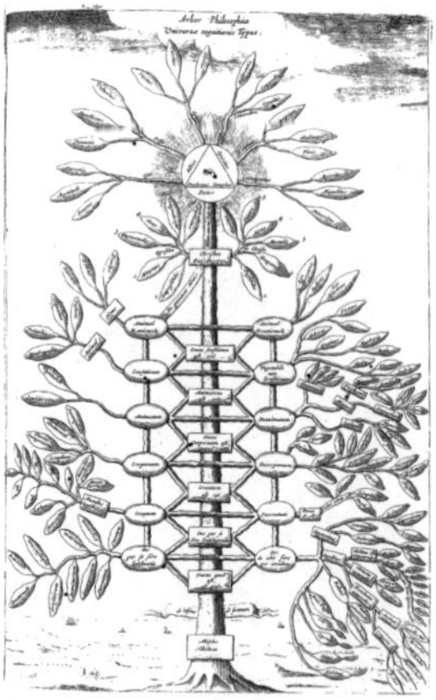

公元6世纪哲学家波伊提乌的《波菲利之树》

① 埃拉托色尼（约前275—前194），古希腊天文学家、数学家和地理学家。——编者注

② 菲迪亚斯（约前480—前430），古希腊雕刻家、画家和建筑师。——编者注

列奥纳多·达·芬奇

文艺复兴时期的艺术家、发明家列奥纳多·达·芬奇在思维导图发展史中占有重要的地位。列奥纳多笔记中的草图、符号和文字，结合了想象、关联和分析，展现了他如何通过运用大脑的全部功能来发挥惊人的创造力。

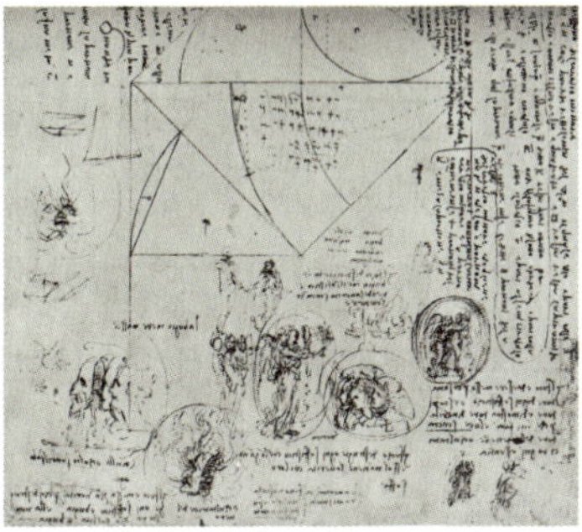

达·芬奇笔记簿（约 1480 年）中的一页，结合了文字、几何、图像和符号

查尔斯·达尔文

英国自然科学家查尔斯·达尔文创造了可能是思维导图最重要的原型之一。在“生命之树”的草图中，他画出了自己最初想到的关于物种在进化史上可能的关联。现代遗传学家发现，物种之间的杂交程度实际上远比达尔文最初设想的要深。这种关联性思维在现代思维导图中有所体现，即在不同分支之间用箭头或者连线来建立联系。

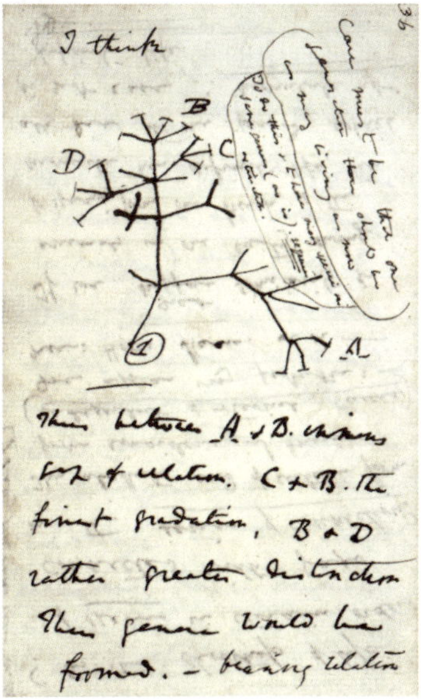

达尔文手稿（约 1837 年），记录他第一次深入思考的进化树

阿尔伯特·爱因斯坦

在 1929 年的一篇报纸采访中，德裔美籍理论物理学家阿尔伯特·爱因斯坦说："我是一个才华横溢的艺术家，可以无拘无束地想象。想象力比知识更重要。知识有限，想象力却能畅游整个世界。"爱因斯坦的思维是图解式的，而不是线性的、文字的，他是 20 世纪的"思维导图教父"。

理查德·费曼

诺贝尔奖获得者、美国物理学家理查德·费曼于 1949 年首次提出了费曼图。费曼在年轻时就明白，形象化和想象力在创造性思维过程中的重要性，并自学了画画。后来，他就设计了示意图形代替数学公式，来描述亚原子粒子的行为，这就是为人所熟知的费曼图。他对这些图如此着迷，以至于在自己的车上都画满了费曼图。

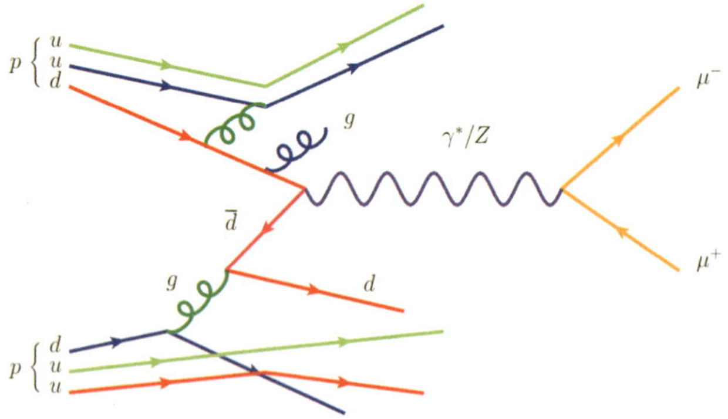

费曼图描述亚原子粒子的行为

视觉思维：高效决策的科学

经过漫长的时间，我们对图形和文字的态度一直在演变。如今，一些迹象表明，占主导地位的语言交流形式在向视觉化思维转变（比如越来越流行的表情符号就是视觉速记的一种形式），这或许是在矫正过去几十年存在的不平衡。比如在学术论坛上，按照惯例，文字表述要优先于图像，但也有一些明显的例外，正如我们所看到的那样，在费曼和爱因斯坦这些“巨人”的工作中，他们更多地会使用图像。然而，图像的表现力正在我们的各种沟通交流中卷土重来：我们越来越多地把手机当作相机，记录场景而不是进行对话，在社交媒体上用图片记录生活的细节；我们思考、工作，跟全世界的陌生人交流，并越来越依靠新科技让我们跨越口语交流的障碍。

> 通过文字与图像相结合，反映大脑逻辑输入和创意输入相结合的工作模式，思维导图对于我们全球化的 21 世纪来说是完美的工具。

有些思维导图非常简单、直接，但也有一些极其复杂。下面是一幅简单而真实的思维导图，是根据思维导图的构建规律（见第二章）绘制的。这是一幅度假计划的思维导图。请注意，每个单词、每幅图像是如何分布在各自的分支上，各个分支如何着色、如何有趣地绘图，才能体现出计划夏日度假的兴奋感，让思维导图在画时有趣、用时好记的。度假计划重点考虑的主干如下：去哪里度假？住在哪里？费用是多少？如何前往？旅行的主要目的是什么？而思维导图的二级、三级分支则更深入地探究各个方面——比如考虑爬山、市区游览，或将海滩度假村作为目的地，并详细地列举不同的食宿和交通选择。费用方面的子分支考虑如何能节省成本，通过箭头指向更便宜的选项。

如果你还无法确定度假的目的地，画这样一幅思维导图将帮助你考虑所有的选项，权衡好度假费用和目的地之间的关系，从而决定你真正想怎么做。

思维导图能够：

- 让你思维清晰，能全方位考虑一个主题
- 提供必要信息，让你提前计划
- 让你全面审视形势
- 作为一个巨大的信息库
- 激发你的想象力，激励你寻找创造性的解决方案
- 看起来充满乐趣

有效解决十大人生难题

除了能让你对主题有清晰的、概括性的认识，并作为可视化工具帮助你记忆，思维导图还有许多其他的优点：

度假
地点
山区
乡村
偏远
海滨
度假胜地
城市
历史遗址
气氛
附近?
沙滩
住宿
民宿
酒店
全包
不含午餐
公寓
交换
租赁
营地
露营车
帐篷
花费
预支
日常
存款
交通
飞机
火车
自备车
自行车
汽车
目标
放松
游泳
日光浴
散步
观光
美术馆
博物馆
购物
手工艺
派对
酒吧
俱乐部

度假计划思维导图

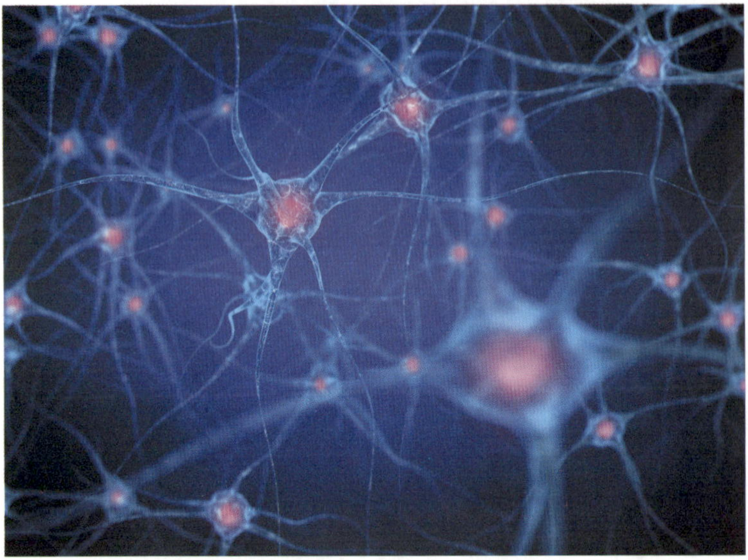

思维导图的结构模仿大脑的神经元突触和神经通路构成的网络

思维：用思维导图激活你的思维，产生新鲜的想法和关联，让你的思维过程充满趣味和色彩。

学习：思维导图是一种强大的学习辅助工具，是课堂讲座、考试复习中有益的笔记工具。思维导图能剔除无用的知识点，突出题目的重点。

专心：使用思维导图意味着把注意力高度集中在手头的事务上，动脑思考必然能得到更好的结果。

组织：用思维导图设计派对、婚礼、旅行、家庭聚会，甚至指导你未来的人生。

计划：用思维导图来设计你的日程和进度，安排投入时间和精力的优先次序。

沟通：省掉冗长的空话，精确地传达信息——思维导图能够突出你需要了解的关键点。

讲话：无须长篇累牍的笔记，只需看一眼就能获得信息，让你的展示和发言清楚、放松，充满活力。

领导：无论是设置议程、记录会议，还是主持会议，思维导图能够打造卓越的商业工具。让你掌握主动权，清楚自己的内在世界和外在世界。

培训：摆脱冗长的培训手册，用思维导图又快又好地设计培训方案。

谈判：在一张纸上清楚地列出所有可做的选择、可用的策略，以及可能的结果。思维导图能帮你谈出双赢的结果。

取之大脑，用之大脑

我们已经看到思维导图如何像大脑一样有机地运作，当信息在分支与脑细胞间被传递时，它们会模仿新的通路的形成与巩固的过程。通过激活发散性思维，思维导图能够增强大脑的自然功能，使脑力更强大、更有创意，也更高效。人类大脑有超过 10 亿个神经元或神经细胞，其中的每一个都要比家庭计算机更加强大。然而通过发散性思维，大脑可以进行协同运行，而不是线性运行，也就是说，大脑的整体运行总是强过部分运行。

此外，思维导图的结构还模仿我们人脑无数的神经元突触和网络。近段时间的科学研究也有越来越多的证据表明，思维导图是人脑思维过程的自然表现，我们实际上是通过内在思维导图进行思考的。

2014 年，诺贝尔生理学或医学奖一分为二，一半授予约翰·奥基夫，另一半授予梅-布里特·莫泽和爱德华·莫泽，以表彰莫泽夫妇在认知神经科学领域，尤其是对大脑定位细胞的研究发现。通过大脑定位细胞与方位细胞的共同作用，针对一个人在空间环境中所处的位置，在大脑海马体中建立心理表征。它们不仅能帮人们在大脑中构建出周围环境的地图，还像 GPS（全球定位系统）一样能内部定位，而且有证据表明，定位细胞对于海马体中情景记忆的形成至关重要，而海马体是大脑学习和记忆的重要区域。

大脑细胞的树突和突触能形成一种内在思维导图，既能让我们了解所处环境，又能保留和回想信息。

诸如此类的发现不断地震惊和启发着我。20 世纪 60 年代，当我开始研究人类如何思考的时候，一些科学研究尚处于初级阶段。比如，脑细胞在当时的显微镜下看起来不过是一些小点——在其他微粒中游荡着的更小的微粒。然而随着神经系统科学的发展，大家惊奇地发现这些小点还有分支。直到发明了电子显微镜后，脑细胞的全貌才得以展现，它有一个细胞核，还有像树枝一样的树突、突触和轴突末梢。

这项发现在另一方面像奇迹一样震惊了我，因为这证实了我一直研究的思维工具，其有效性与自然性与这些发现不谋而合：思维导图的结构。一幅合格的思维导图就像一个脑细胞向外扩展的结构。

就像拥有无限潜力的脑细胞一样，思维导图也是拥有无限潜力的思维工具。

对脑细胞真实本质的发现，似乎是一个很好的例子，可以解释同步性的问题。同样地，近来荣获诺贝尔奖的关于定位细胞的研究也证实了脑细胞是以思维导图的形式进行思考的。我认为这个发现证明了思维导图的强大，以及思维导图与记忆的重要关联。

也就是说，思维导图与记忆的关联已得到科学的证实。在2009年吉隆坡举办的国际思维大会上，H. 托伊展示的报告表明，在帮助孩子记忆单词方面，思维导图比列表更高效，前者可以将记忆比例提高到32%。同样地，由保罗·法兰德、菲尔扎娜·侯赛因和伊妮德·轩尼诗在2002年进行的一项研究表明，思维导图使受试者对事实信息的长期记忆提高了10%。

思维导图为大脑提供了记忆和提取信息最便捷的方式，也似乎与我们人类的本性有着密不可分的联系。鉴于思维导图反映着我们内部世界和外部世界的运行，赫密斯派名言“如其在上，如其在下”（as above，so below）似乎比较适合用在这里：思维导图既模仿着我们大脑结构的内在思维模式，又影响着我们向外界展示思维的表达方式。

当你读完这本书并做完书中练习的时候，你将快速地掌握思维导图。不仅如此，通过思维导图学习，你将逐渐发现自己真正的潜能。

02

第二章

如何构建思维导图？

本章将阐释思维导图的构建规律，规律因何能起作用，以及规律为何必不可少。你将发掘思维导图在日常生活中体现的所有好处，以及它们在家庭、工作、教育、创造力、健康和记忆方面的主要应用。探索如何使用思维导图来实现你最幸福、最有成就感和最具生产力的每一天！

不要陷入固化思维

与其他种类的可视化工具不同，思维导图通过使用大脑皮层的全部功能，从推理、使用数字到想象、创造，从而释放大脑真正的潜能。一幅合格的思维导图通过文字与图像的结合，让大脑思维更有创造性。事实上，思维导图能做到的不仅如此。它还能通过想象和关联的共同作用，达到创意激增的理想状态，激发“脑力绽放”——随着你的创意增加，这些创意的整体效果可能会更好。思维导图能够拓展你的思维视角，提高思维的准确性、深刻性、创造性和自由性。

在思维导图问世后的几十年，全世界亿万人在采用这个思维工具来提高用脑效率。大量科学及心理学的研究已经证实了思维导图是有效的，并且是一项极具多样化的思维工具。我们将在第五章看到，通过改良的学习方式和改进的思维模式，思维导图能够被用于改善生活的各个方面。

请扪心自问：“思维导图如何改善我的生活？”现在开始！

在第一章，通过介绍思维导图的关键要素，如图像、颜色、分支、文字，我教你创作了你自己的思维导图。像所有技能一样，只有通过更多的练习，你画思维导图的自信和技巧才能提高。若想从本章获得最大的收获，我建议你把本章中的练习当作一件快乐、有趣而实用的事。不要有任何的拘谨或不安，按照我接下来详细说明的原则，来尝试画大量不同色彩的思维导图。

开始之前，我还有一个小建议：尽管是要给大脑做一次充满活力的试练，但还是要（一定要！）对自己好一点儿。如果这个过程是愉快、多彩、有趣的，那你的思维导图就能得到最好的结果。但是，即使这个过程像游戏，你也要严肃对待，因为你需要发挥想象力，这是画思维导图的关键点之一。如果你在某个阶段陷入僵局或者受到挫折，那么就休息一会儿再回来画（见第四章），或者换个主题重新画，可以从第五章的“98 种应用”中选一个。在思维爆发后的 20 分钟里画思维导图是最有效的。

画思维导图不要陷入“成功与失败”“不成功便成仁”的固化思维，没人会去评判你和你的导图。（除非你是参加世界思维导图锦标赛！）有一些规律能让你更有效地构建，从而画出非常强大的思维导图。说到创造性和创意设想，这些规律一开始可能让你觉得违反常理，但是它的目的是让你的思维更有组织性，让思维更活跃而不是纠缠和挣扎。

理解规律，遵循规律

构建思维导图的规律看似简单，实际上非常有效。如果偏离了这些规律，那你画的就不是真正的思维导图。可能你最后画出的一幅图就像第三章中的例子一样，或者像一团乱麻！

1. 一定要用一张空白纸，横向放置。确保纸张足够大，让你可以在上面画二级、三级分支。
2. 至少用三种颜色在纸的中心画图像，以此代表你探究的主题。
3. 整幅导图中要用图像、符号、代码和多维方式呈现。
4. 选择关键词，用大写字母书写。
5. 每个词或每幅图要写（画）在各自的分支上，保持独立。
6. 主干从中心图如流水般向外延伸。靠近中心图的分支画得越粗越好，靠外的分支画得越细越好。
7. 分支的长度要与分支上的词语或图像的长度一样。
8. 颜色的使用要贯穿导图，画主干要有你自己的颜色代码。
9. 使用加粗、箭头，或者连线来描绘不同分支间相关话题的联系。
10. 力争清楚明了，认真思考后，再布局分支位置。谨记：分支间的留白与分支同样重要。想象森林中树与树之间的空隙：你需要穿过这些空隙来判断自己在哪里，要怎么走，而不是直接穿过这些树。

形成自己的风格

遵循规律能让你在保持思维导图本色的同时，尽情地发挥并形成自己的风格，就像你独一无二的“指纹”，甚至“眼纹”一

思维导图实践手册

刘艳 / 著

《思维导图完整手册》解读本

东尼·博赞亲传中国弟子、
第 8 届世界思维导图锦标赛全球总冠军刘艳
亲授如何用思维导图解决职场、学习和生活难题

ISBN 978-7-5086-9463-4

定价：58.00 元

思维导图实践手册

目录

职场思维导图

• • • 谈判技巧 • • •

谈判概述

导图解析

第一部分： 常人观，即常人眼中的谈判。结果分为双赢或有输有赢，态度是强硬或温和的。具体衡量依据是：谈判世界是否充满理性，谈判对手是否强悍，谈判辞令是否会使谈判陷入僵局或无法达成协议。

第二部分： 谈判的新定义。迫使对方按照你的意愿行事，让对方按照你的思路思考，让对方理解你想让他们理解的观念，让对方感受到你想让他们感受的。

第三部分： 核心目标。争取更多的金钱、美食、关爱、旅行、责任，更多打篮球的时间、听音乐的时间、看电视的时间。

第四部分： 情形。立足于人们在真实生活中的观点、想法、感受和生活方式。

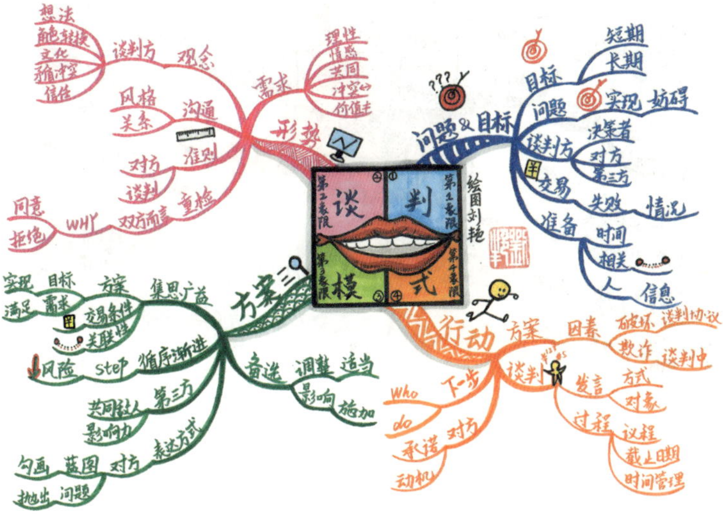

四象限谈判模型

导图解析

四象限谈判模型有助于将谈判结构化，并能为你提供一份方法清单。它可以提供一个组织性原则，使谈判的准备工作更加有效。你既可以独立运用这一模式，又可以和团队成员一起运用这一模式。

··· 营销策略 ···

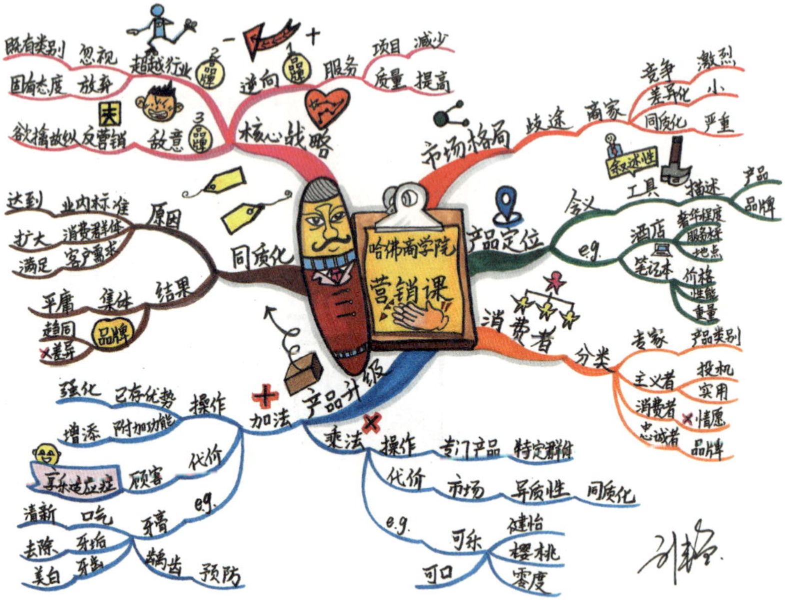

解读《哈佛商学院最受欢迎的营销课》

导图解析

第一部分：市场格局。当前品牌的市场格局是竞争性差异化已经明显误入歧途，具体表现为商家竞争越激烈，他们之间的差异越小，即同质化严重。

第二部分：产品定位。商务人士习惯依靠叙述性工具来描述产品和品牌，比如按照奢华程度、服务水平和地点来描述酒店，按照价格、性能、质量和重量来描述笔记本电脑。

第三部分：消费者。消费者大致分为产品类别专家、投机主义者、实用主义者、不情愿消费者和品牌忠诚者。

第四部分：产品升级。加法升级是把一种产品（或一种“价值呈现”）看作一系列优势，产品营销员通常会强化这些优势来改善产品。有时，他们也会强化一种产品已经存在的优势，比如，增强清洁剂的去污能力，或延长产品的保修期；有时他们会为同一种产品增添附加功能，比如向清洁剂里添加柔软剂，或者在保修期内提供退款服务。这样的代价是顾客会出现享乐适应症。无论怎样，企业的目的就是无止境地投消费者所好。乘法升级，指的是企业不断地推出针对特定消费群体的专门产品。这样的代价是市场异质性的同质化。比如，可口可乐公司同时生产多种可乐：健怡可乐、樱桃可乐、零度可乐和可口可乐。

第五部分：同质化。原因是为了达到业内标准，扩大消费的群体，满足客户的需求。结果是集体平庸，所有品牌趋同，毫无差异可言。事实上，企业越是努力参与竞争，它们与其他企业之间的差异就越小。

第六部分：核心战略。品牌营销的三大核心战略为：（1）逆向品牌战略，减少服务项目，提高服务质量；（2）超越行业品牌战略，彻底忽视既有的类别定义，放弃固有态度，把消费者从习惯性的消费节奏中拉出来；（3）敌意品牌战略，欲擒故纵，不以传统方式进行营销，甚至有一点儿反营销，拒绝使用吸引顾客的传统理念。

··· 方案策划 ···

策略大师迈克尔·波特（Michael Porter）曾经这样说：策划就是做选择，并且根据自己所拥有的资源及所处的状况，设计一套制胜策略，创造竞争对手不可置换的地位。

策划是通过实践活动收获最佳效果的智慧，是一种智慧创造的行为；策划是一种程序，在本质上是一种运用脑力的理性行为；策划更是一种对未来采取的行动做决定的准备过程，是一种理性思维的程序。如何成功策划一项活动，如何策划一个项目，等等，都是我们在日常工作和生活中经常涉及的话题。下面我们就来具体学习一下这两种方法。

3R2S 法

什么是 3R2S 法?

3R2S 法中的 3R 指的是 3 个以 R 开头的单词，分别是：结果（result）、资源（resources）、注意事项（remark）。

2S 指的是 2 个以 S 开头的单词，分别是：现状（situation）、步骤（step）。

这种方法特别适合被用于做计划、策划，以及解决问题。

如何应用 3R2S 法？

我们一起来看一看下面这幅导图模板。中心图是一个非常形象的“灯泡人”手提公文包在快速奔跑。一般来讲，做一个完整的策划方案要从五个部分展开思考。

第一部分：结果。结果可以分为目的和目标，目的是抽象的，目标却是具体的。这里使用了“SMART 原则”，我们顺便了解一下“SMART

原则”。

S 代表明确性（Specific）：指策划方案中必须要有十分明确的目标。

M 代表衡量性（Measureable）：指策划方案的绩效指标，即可被数字量化、被体验的数据。

A 代表实现性（Attainable）：指绩效指标在付出努力的情况下是可实现的，并且要避免设立过高或过低的目标。

R 代表相关性（Relevant）：指要实现此目标与其他各个方面的连带关系，由此可观察到此策划案经过延展扩大后产生的经济效益。

T 代表时限性（Time-based）：指完成绩效指标的特定期限。

第二部分：现状分析。我们可以将现状分为优势和劣势两个部分，从每个部分各找三条，挑重点写。

第三部分：可用资源。写完了现状之后，我们再来看看要完成这个项目或者活动，需要哪些可用资源。可用资源又可分为人、财、物、地、时这五个方面。

第四部分：行动步骤。这是最为关键的环节，可以从前期、中期、后期三个时间段来展开思考。

第五部分：注意事项。我们要清晰地认识到这个项目或者活动要想取得成功，需要具备的关键要素是什么，还有其中非常重要的内容“不利情况和应变措施”，二者之间是相互对应的。我们从这幅导图模板当中双向的关联箭头就可以直观意识到，有几种不利情况，就要有几种应变措施。

成功策划——3R2S 法则

这个策划模板中有一幅“迷你小导图——GOSA”。GOSA 的思考是很实用的思考框架，除了运用在销售上，还可应用在策划上，帮助我们从远景开始定位，直到底层的执行展开为止。GOSA 代表四个方面的内容，分别是：

目的（Goal）——我们要走向何方？
目标（Objective）——我们要完成什么？
策略（Strategy）——我们应该如何做？
执行（Action）——我们必须做些什么？

我们以“公司”为例，首先要检视公司的目的，即长期方向，以及本策划案的目标，即短期绩效。然后再根据客户的需求以及竞争对手的状况，找出最适合公司的回应策略，即战略定位。最后展开计划执行，即战术方法。特别要注意：目的产生目标，目标产生策略，策略产生执行，从而形成一个完整的阶层逻辑架构。

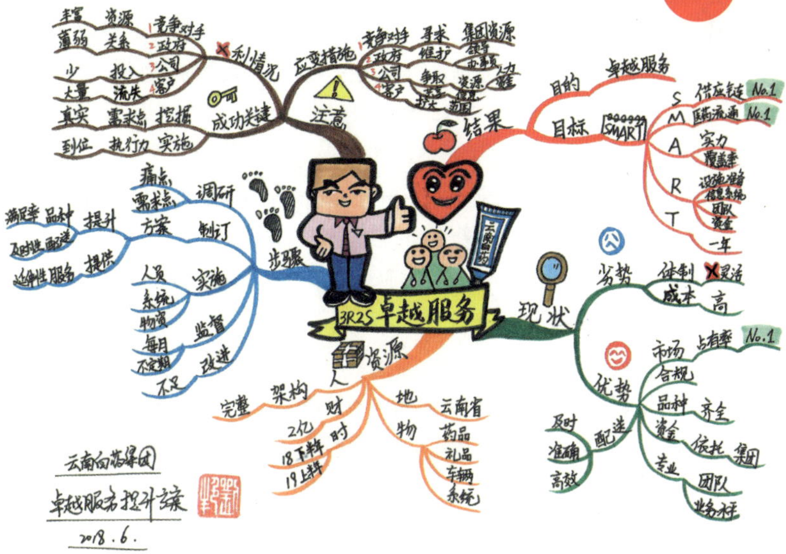

云南白药集团卓越服务提升方案

导图解析

这幅思维导图的中心图画的是云南白药集团的管理者在为员工们详细地讲解“卓越服务”的提升方案。“云南白药牙膏”象征着“云南白药集团”。“红心”代表员工们都非常喜欢聆听，并且愿意用心为客户提供卓越的服务。

我们按顺时针的方向看一看**第一部分**的内容。想要的结果分为目的和目标。目的是抽象的，是卓越服务。目标是具体的，运用 SMART 原则来设定：S——供应链要达到行业第一；M——医药流通要做到行业第一；A——只要发挥正常实力，注重覆盖率，是完全可以达成目标的；R——要达成目标，涉及的内容包括，设施准备要提前，信息系统要完善，团队要同心协力，资金要到位；T——只有一年来达成这个目标。

第二部分是现状分析，分为劣势和优势。劣势就是目前公司的体制还不够灵活，成本太高；优势很多，比如，目前市场占有率排在第一位，合规，品种齐全，依托集团资金供给充足，团队专业，业务水平较高，配送货及时、准确、高效，口碑好。

第三部分是可用资源。人员架构完整，资金拨款两亿，时间是 2018 年下半年到 2019 年上半年，目前的物资有药品、礼品、车辆、系统，地点在云南省。

第四部分是行动步骤，分为五步。第一步是调研阶段，任务是挖掘客户的痛点和需求点；第二步是制订方案阶段，需要提升品种的满足度和配送的及时性，并且提供服务的延伸性，增加相应的售后服务，等等；第三步是实施阶段，人员、系统、物资要开始布控并开展具体行动；第四步是监督阶段，每月进行大规模检查，还要配合不定期抽样检查；第五步，发现问题，及时改进，弥补不足。

第五部分是注意事项，分为成功关键、不利情况和应变措施。成功关键是指挖掘客户真实的需求点，实施到位的执行力，两者缺一不可。不利情况和应变措施是重点，二者是一一对应的：第一，竞争对手资源丰富，应对措施是寻求集团资源；第二，政府关系薄弱，应对措施就是维护好与相关领导和办事员的关系；第三，公司投入支持少，应对措施就是要主动向公司争取关于人力和资金的支持，并且要信息共享，及时掌握市场和产品的最前沿资讯；第四，公司人员调整会导致客户流失，应对措施就是要不断地扩大业务范围，积累更多客户源。以上就是整个方案的详细解读，希望对你在做策划方案时有所借鉴和帮助。

5W2H 法

什么是 5W2H 法?

5W2H 法又叫“七何分析法”，由七个最常见的问题组成：是什么（WHAT），在何时（WHEN），由谁做（WHO），在何处（WHERE），为什么（WHY），怎么做（HOW），要多少（HOW MUCH）。把这七个问题放在一起问，可以弥补思考问题的疏漏。这种方法简单、方便，易于理解、使用，而且富有启发意义，被广泛用于企业管理和技术活动中，对于决策和执行性的活动措施也非常有帮助。

如何使用 5W2H 法?

在下面这个导图模板中，我们可以具体了解一下 5W2H 究竟代表什么。

WHAT —— 内容和目的。内容指的是你做的这个策划案的主题是什么，叫什么名字，具体的内容是什么；目的是抽象的，从宏观的角度来思考，也就是大的方向。

WHEN —— 时间和期限。时间指的是具体行动方案的时间，期限指的是时间限制，比如，三个月、半年。

WHO —— 参与者、负责人、执行者。明确什么人该做什么事情，遇到问题时就可以找相关的人员及时解决。

WHERE —— 地点和位置。

WHY —— 目标和原因。我们可以继续沿用“SMART 原则”来设定具体的可量化的目标，至于原因，则需要我们多问几个为什么。从问题出发，不断地追问为什么，告别直接原因，经过间接原因，最终找到根本原因。

HOW —— 措施和方法。措施侧重于结果，方法侧重于过程。

HOW MUCH —— 费用、程度、数量。费用指的是收入和支出，程度指的是相关的标准、进度等，数量指的是具体相关的数字。

5W2H 策划法

案例分析

如何提升公司员工士气

导图解析

这幅思维导图的主题是“如何提升公司员工士气”。中心图非常简单，是三个员工代表在宣誓的画面。整幅思维导图应用的就是 5W2H 法。

我们先来看“WHAT”，包含两方面，一是内容，二是目的。内容是我们的方案主题——“如何提升公司员工士气”，向上的箭头表示提升。具体涉及的内容包括四方面：奖励、培训、归属感、晋升。目的是一个抽象、宏观的概念，指的是希望公司稳步发展，这就是提升公司员工士气的目的。

我们再来看看“WHEN”，包含时间和期限两方面，时间分为 1 个月（用“月亮”符号标注），1 季度（用“五角星”标注）。期限是 1 年。

“WHO”包含三类人，参与者是员工，负责人是人事部，具体执行者是管理层。

“WHERE”，地点是公司，位置是会议室。

“WHY”，包含原因和目标两方面，直接原因是工作效率低，根本原因是技能水平低，没有归属感、晋升机制和奖励机制。

“HOW”，那么具体该如何做呢？分为方法和措施两方面，具体方法是进行技能和业务培训，设置奖励工资和奖金，或者旅行和奖品。还有就是增强员工的归属感，比如解决他们的住宿问题，每星期召开联谊会，增强彼此间的交流和连接，有成果之后要表示感谢，还要能够包容员工犯错。再就是晋升通道。在这部分，“月亮”标注的地方指的就是每个月一次，“五角星”标注的地方指的就是每季度一次。关于措施，要下放给团队适当的权力，还需提供人员和资金方面的支持。

“HOW MUCH”，包含费用、程度、数量三方面。我们把费用和数量结合在一起看，培训费用是每人 3 000 元，奖金共 100 万元，工资提升 20%，相关福利政策 3~5 项。那么要做到什么程度呢？标准是什么？人员覆盖率为 80%。

思维导图学习法

《陋室铭》思维导图记忆法

陋室铭

［唐］刘禹锡

山不在高，有仙则名。/ 水不在深，有龙则灵。/ 斯是陋室，惟吾德馨。// 苔痕上阶绿，草色入帘青。// 谈笑有鸿儒，往来无白丁。// 可以调素琴，阅金经。/ 无丝竹之乱耳，无案牍之劳形。// 南阳诸葛庐，西蜀子云亭。/ 孔子云：何陋之有？

中心图

本文的主题是“陋室铭”，所以将简陋的房子作为中心图。

大纲主干

这幅思维导图共分为五个部分。

第一部分：主旨。用指示的手指表示。
第二部分：环境。指的是居室的环境，所以房门是打开的，箭头指向屋内。
第三部分：客人。指的是来往的客人，用两个小人表示。
第四部分：生活。指的是日常生活，“日常”用太阳表示，“生活”还可以谐音为“生火”，所以用火堆表示。
第五部分：类比。原文中连举三位古代名人。因为三位是名人，所以头顶有光环。

内容分支

第一部分：大纲主干“主旨”，借山水起兴，同时也作类比。山和水是并列的关系。仙，可以让并不高峻的山美名传扬；龙，可使并不深邃的水具有灵性。“斯是陋室，惟吾德馨”是全文的主旨。“陋室”二字扣题，“德馨”一语统领全篇。“馨”谐音为“心”，所以画了一颗红心。主人高尚的品德，同样可使陋室生辉，不再简陋。

第二部分：大纲主干“环境”，主要讲了“苔痕”和“草色”，分别用苔藓和青草表示。苔痕碧绿，长到阶上，所以画了一个台阶，上面长满了绿色的苔藓；草色青葱，映入帘里，所以画了青色的帘子。陋室掩映在苍苔、绿草之中，室内、室外一片青葱。

第三部分：大纲主干“客人”，主要讲了“鸿儒”和“白丁”，“鸿儒”指的是博学的人，所以画了一位知识渊博的学者；“白丁”指的是平民，用一个百姓表示。说说笑笑的都是博学的人，来来往往的没有平民。

第四部分：大纲主干“生活”，“可以”用对勾表示，“无”用叉表示。“可以”后面接“调素琴”和“阅金经”，“调”用拨动琴弦的手表示，“素琴”指的是不加装饰的琴，所以直接画了一张简单的古琴。“阅”用眼睛表示，“金经”用泥金书写的佛经表示。主人可以在陋室里调弄素琴、阅读金经，怡情悦性，修养身心。“无”后面接的是“丝竹”和“案牍”，“丝竹”用笛子表示，“案牍”用狭长竹简写的官府公文来表示；“乱耳”，画了一只耳朵；“劳形”，画了身体，意思就是，没有丝竹弹奏的俗乐扰乱耳朵，没有案头枯燥的公文劳神伤身。

第五部分：大纲主干“类比”，先以古之名室比今之陋室，两者并论，自然得出了“陋室不陋”的结论。“南阳”用“S”（南）表示，“西蜀”用“W”（西）表示，代表具体的方向。将自己的陋室与“诸葛庐”和“子云亭”相提并论，“诸葛庐”用诸葛亮的扇子表示，“子云亭”用一座亭子表示。诸葛亮身居茅庐而知天下三分之势，杨子云在简陋的亭子里写出了学术著作《太玄经》，他们虽然都曾居于陋室，却最终在功业、学术方面取得了卓越的成就。最后再引用孔子之言，收束全篇，再次证明陋室不陋。“孔子云”，画了一朵云，云里藏着“何陋之有？”，即孔子说的话。

记叙文的 5 种写法

导图解析

第一大纲主干：基本式模板

记叙文最常见的结构形式是按时间的先后顺序，依次展示事件的开端、发展、高潮和结局，文章中的故事有头有尾。这种结构形式能使情节发展阶段明显、层次清晰，适用于叙述有一定起伏的故事。运用此模板时，要注意精心剪裁，使文章详略得当。

第二大纲主干：倒叙式模板

倒叙是根据表达的需要，把事件的结局或最重要、最突出的片段放到文章的开始，然后再从时间的开头按事情的先后发展顺序进行叙述。采用倒叙手法能增强文章的生动性，使文章产生悬念，更引人入胜。倒叙的类型大致有以下三种：（1）把结局提前；（2）把中间扣人心弦的部分提前;（3）由眼前事物引起对往事的回忆。运用倒叙要交代清楚起点，倒叙与顺叙的转换处要有必要的文字过渡，做到自然衔接。

第三大纲主干：插叙式模板

插叙的内容对主要情节或中心事件做必要的铺垫、照应、补充、说明，使事件更完整、结构更严密、内容更充实。使用插叙时，一定要注意前后的照应和过渡。插叙的方法有两种：一种是直接插入进行叙述、介绍、说明，另一种是通过人物的回忆、思念、想象等心理活动进行叙述。

第四大纲主干：分节式模板

一个故事总有一个发展历程，或是经历一个相当长的时间段。而我们在写作时往往不可能完整地叙述整个过程，这时就可以截取故事中的某几个片段，分节叙述故事内容。分节可以用一、二、三的形式，也可以用小标题的形式，还可以使用蒙太奇式的“镜头一”“镜头二”“镜头三”的形式。这样每个标题下面都有独立的故事或是场面描写，思路清晰，结构严谨。运用这种结构时要注意：并列的各部分内容应该各自独立，但又紧紧围绕着同一个中心。

第五大纲主干：回想式模板

这种模板指的是借助某个触发点，将脑海中的故事一一呈现。这个触发点可以是考试题目、文章主旨，也可以是某种感情或思绪。文章由触发点引起故事，由故事回到触发点，最后点明文章主旨。

议论文的 3 种写法

导图解析

第一大纲主干：基本式

论证结构是议论文的关键。议论文的基本论证结构是“三段式”：引论、本论、结论。在文章开头提出中心论点；主体部分从不同角度进行分析，并分别结合具体事例加以阐述和论证；结尾部分总结中心论点，照应开头。

第二大纲主干：起承转合式

文章的第一部分是“起”，也就是“破题”，点出题目主旨；文章的第二部分是“承”，用第一段或数段文字，通过正面的事例或论点，支撑你在破题段落中阐明的基本观点；文章的第三部分宕开一笔，树立一个对立面，然后对反面的观点加以驳论，即“转”；文章的最后一部分便是“合”，也就是归纳总结，得出结论性的意见。

第三大纲主干：变式

分论点并列式要求文章开头提出中心论点，主体部分用具有并列关系的至少两个分论点来分层论述，结尾深化、总结要点。但是要特别注意：避免从同一角度选择论据。一般来说，几个分论点是并列关系，但写作时最好将重要的分论点放在前面，次要的放在后面，从而使论证顺序更合理。

分论点递进式要求将中心论点分成几个分论点，这几个分论点之间是递进的关系。后面的论证是在前面论证的基础上进行的，一环扣一环，显示清晰、严密的逻辑关系。

分论点对比式指的是文章由两个部分构成，两个部分正反对比、转折补充或辩证分析，论证严密、全面。文章采用正反对比式结构时，可以先正后反，形成鲜明对比，增强说理效果；也可以先反后正，突出并强化观点，增强说理的针对性。

··· 读书笔记 ···

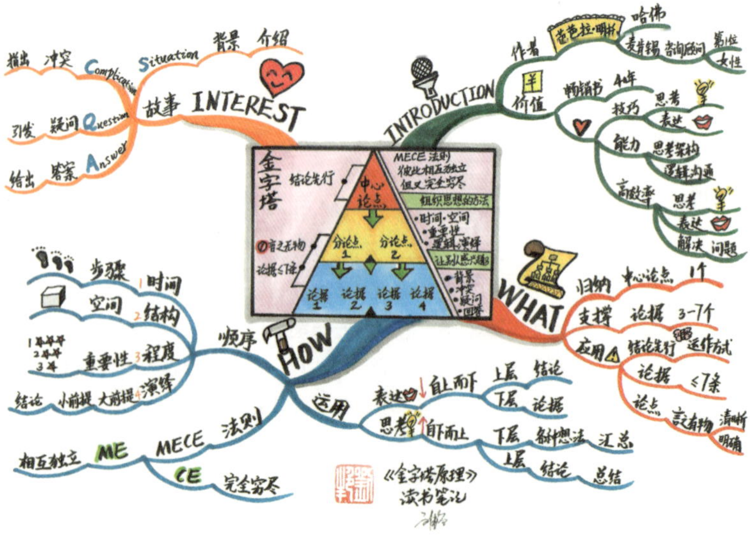

《金字塔原理》读书笔记

第一部分：介绍。《金字塔原理》一书最早是由知名的咨询管理公司麦肯锡公司的咨询师芭芭拉·明托提出的，也就是这本书的作者。因为对于咨询公司而言，如何高效、清晰地表达自己的观点是一件非常重要的事情。不过很久以来，并没有一套清晰的方法教我们如何做到这一点，直到芭芭拉·明托总结出了“金字塔原理”。芭芭拉·明托毕业于哈佛商学院，是麦肯锡咨询公司第一位女咨询顾问。她加入麦肯锡之后，公司认为她在写作和表达方面是一把好手，于是安排她去帮助那些不善于表达自己观点的咨询师，提升他们在这方面的能力。结果在这个过程中，她逐步地发展出了今天的“金字塔原理”。现在，“金字塔原理”已经成为麦肯锡公司的标准，甚至成了咨询业的标准，并被众多国际知名企业和世界知名院校用来培训员工和学生。这本书的核心价值在于它能教给我们思考和表达的技巧，提升我们思考架构和逻辑沟通的能力，让思考、表达、解决问题更加高效。

第二部分：什么是“金字塔原理”呢？“金字塔原理”就是能为任何一件事情归纳出一个中心论点。在每个论点下面又有大约 3~7 个论据来支撑。每一个论据又可以成为下一级的论点。如此往复，就形成了金字塔的结构。我们在应用这个“金字塔原理”时要注意三个方面：首先，要结论先行；其次，论据不能超过 7 条；最后，每一条论点要言之有物，清晰明确，不能讲空洞的内容。

第三部分：作者列出了组织思想的方法，可以按照时间、结构、程度，以及演绎的顺序来组织我们的思想。同时，每一个支持论据都要严格遵循 MECE 的法则。[1] 在运用方面，要遵循自上而下的表达，也就是上层是结论，下层是论据；还要遵循自下而上的思考，下层是各种想法的汇总，上层是总结。

第四部分：怎么让别人对我们的观点感兴趣呢？就是用 SCQA，即背景、冲突、疑问、答案的方法讲故事，让大家对自己的方法感兴趣。

1 MECE 全称 Mutually Exclusive Collectively Exhaustive，中文意思是“相互独立，完全穷尽”，即对于重大问题，能有效把握核心，并加以解决。

日常生活中的思维导图

• • • 传统文化节日导图 • • •

中秋节

··• 5 招鉴别过期药 •··

5 招鉴别过期药

··· 行前清单 ···

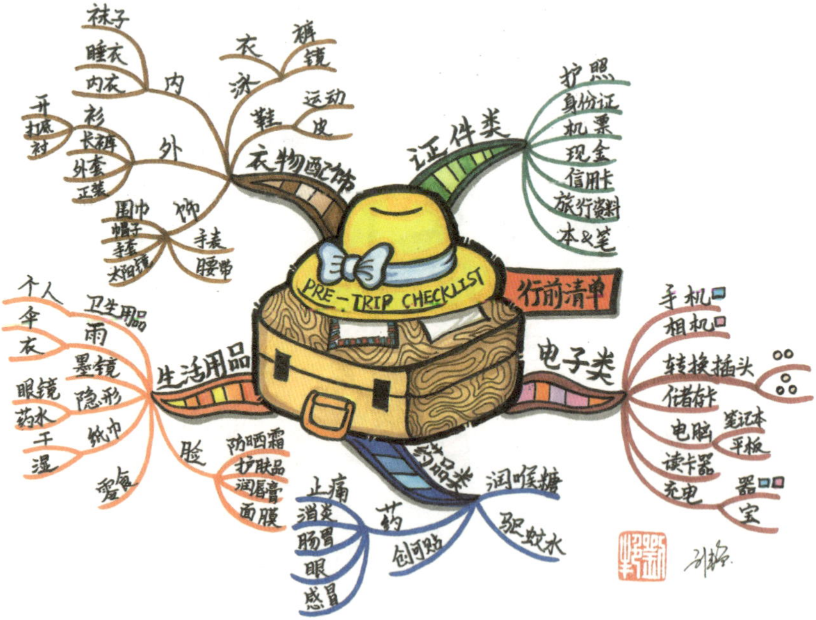
PRE-TRIP CHECKLIST
行前清单
衣物配饰
内
袜子
睡衣
内衣
外
衫
开
打底
衬
长裤
外套
正装
泳
衣
裤
镜
鞋
运动
皮
饰
围巾
帽子
手套
太阳镜
手表
腰带
证件类
护照
身份证
机票
现金
信用卡
旅行资料
本&笔
电子类
手机
相机
转换插头
储存卡
电脑
笔记本
平板
读卡器
充电
器
宝
药品类
药
止痛
消炎
肠胃
眼
感冒
创可贴
润喉糖
驱蚊水
生活用品
个人
卫生用品
雨
伞
衣
墨镜
隐形
眼镜
药水
纸巾
干
湿
零食
脸
防晒霜
护肤品
润唇膏
面膜

行前清单

六大核心绘制法则

一幅标准的思维导图，基本包含六大核心要素，分别是：心、线、词、图、色、构，即中心图、线条、关键词、图像、颜色、结构。我们首先来看看这幅关于“思维导图绘制法则”的导图。

思维导图绘制法则

中心图

这幅思维导图的中心图绘制的是思维导图发明人东尼·博赞年轻时的头像。千万不要觉得这幅中心图很难画，其实只要你掌握了窍门，一切都会变得非常简单。大家可以仔细观察一下这幅中心图，中心图的头像其实就是一幅数字画。只要把 1~10 的阿拉伯数字摆放到合适的位置上，就可以在 10 秒钟内完成这幅中心图的绘制。我们来看下面这幅图中所示的操作步骤：1 是帽边，2 是鬓角，3 是耳朵，4 是衣领，5 是嘴巴和下巴，6 是鼻子，7 是脖颈，8 是帽檐，9 是帽顶，10 是眉毛和眼睛。这样，一幅中心图就画好了，既高效又有趣。

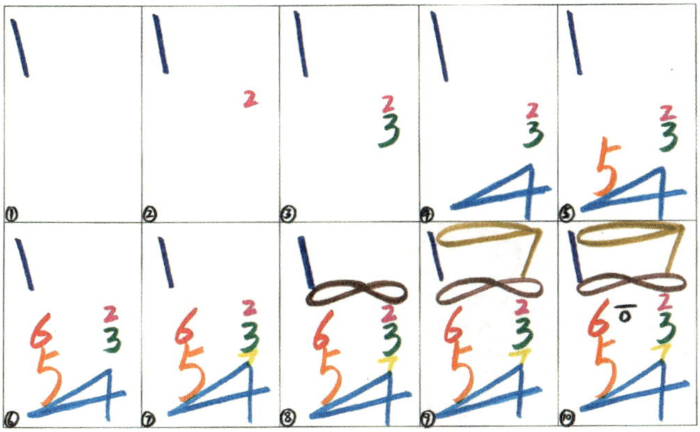

学会了画中心图之后，我们再试着在一张 A4 纸上画思维导图。首先，我们要把这张 A4 纸横放，然后将白纸叠成九宫格，中间的格子就是中心图的位置。接下来就需要大家用“10 个阿拉伯数字人像绘图法”来完成这幅中心图的绘制，并为它涂上颜色，使中心主题更加突出，因为颜色会激发你的创造力，让你有继续画下去的动力。

画好中心图之后，我们就用红色的彩笔来绘制第一个大纲主干内容——中心图。中心图可以用“红心”表示。我们可以把整张纸看作一个表盘，现在我们要在两点钟的方向绘制第一个大纲主干。大纲主干要求是由粗到细的双线条，由中心图延展开来，中间千万不要断开，就像弯曲的牛角一样，消失在一点上。然后由这个大纲主干的末端再延展出四条内容分支，最好用“弧线”绘制内容分支，分别是位置、作用、印象、颜色。这四个关键词是并列的关系。中心图位于纸张中央，作用是点明主题。中心图的选择一定是由主题引发联想的，大脑第一个想到的图像，也就是第一印象很重要。中心图最好以图文并茂的形式呈现，最好用至少三种颜色绘制，我们通常会选用红、黄、蓝三原色。

绘制完成后，你可以尝试一下不看这幅导图究竟可以记下来多少内容。绘制导图的目的是帮助我们厘清信息间的逻辑关系，千万不要为了画图而去画图。所以，学习思维导图的精髓是思路，而不是“美图”。

线条

接下来，我们来绘制第二个大纲主干——线条。写上关键词“线条”，旁边配上代码“柳条”，来表示线条要更具生命力，自然灵动。线条这部分的内容分为轮廓、作用、颜色。线条的轮廓分为大纲主干和内容分支，大纲主干是由粗到细的双线条，内容分支是单条水平状的弧线，线的走向一定要平行，也就是说线条上的关键词一定要直观，而不是把纸旋转 120° 才能清晰地看到自己写了什么。线条的作用是承载关键词，一根线条承载一个关键词。线条的颜色是每个类别用一种颜色，最好是冷暖色搭配使用，比如第一个大纲主干内容用红色，那么接下来的这个大纲主干就要用绿色，这样做便于我们快速区分信息，避免混淆内容。

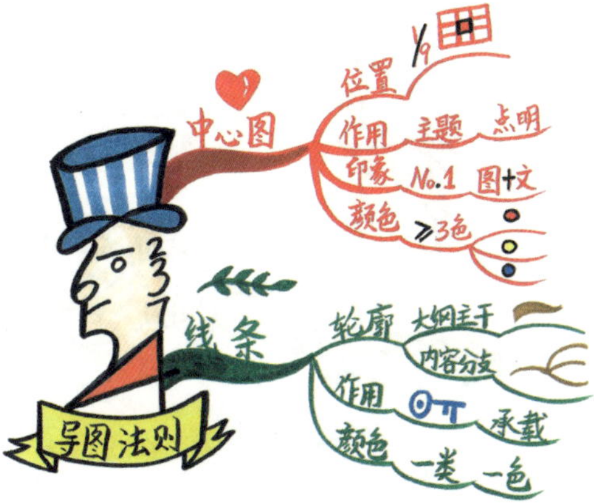

关键词

下面我们用蓝色的彩笔来绘制第三个大纲主干——关键词。在大纲主干写上“关键词”这三个字，并在旁边画一把“钥匙”，以此加深印象。关键词一般以名词和动词为主，可以是一个字，也可以是一个词或者一个成语，尽量不超过 4 个字。为什么限制字数呢？为什么不是一个句子或者一个短语呢？小于或等于 4 个字的关键词更具力量和灵活性，不仅有助于记忆，还可以让大脑充分发挥自由联想的能力。你从句子和短语思维里脱离得越彻底，关键词思维掌握得越娴熟，你的思维导图功能就越强大。要将关键词写在线条上，一条弧线上写一个关键词，而且关键词的长度约等于线条的长度。关键词的颜色通常有两种形式：如果是用来展示，可以使用黑色，以便更加清晰地呈现内容；如果是快速地绘制记录内容，最好选择和线条一样的颜色，这样就不用不停地换笔，从而节约时间。对于关键词的大小，中文字的大纲主干要大一些，内容分支可以略小，英文单词的大纲主干全部大写，二级分支首字母大写，剩余内容分支全部小写。

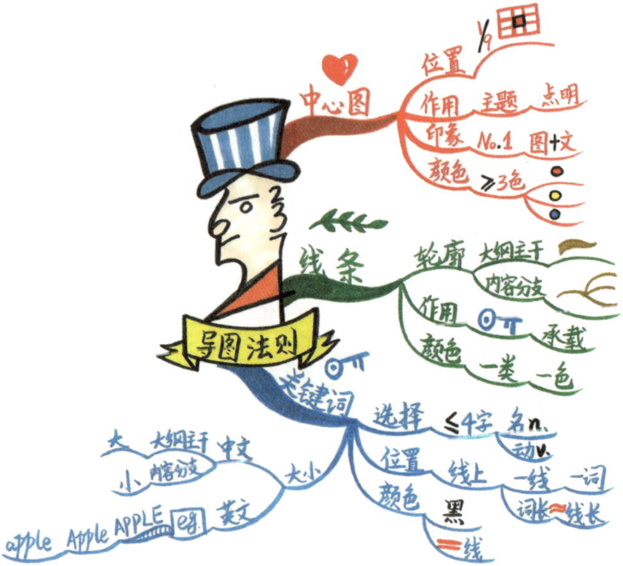

图像

下面我们拿出蓝色的对比色——橙色来绘制图像这个部分，我们可以用英文 BEAUTY（美丽）来表示图像这个关键词。图像通常画在线条上，或者画在所要表达的关键词旁边。图像是用来提示重要信息的，画图像的原则不是会画哪个就画哪个，而是要在重点、易忘、抽象的地方出现图像，因为添加图像要遵循“聚焦原则”。图像的颜色一般要比中心图的颜色少，因为一幅好的思维导图作品一定是中心图最为突出，插图不能喧宾夺主。图像的颜色要尽量和线条的颜色区分开，也就是“跳色”，以起强调作用。

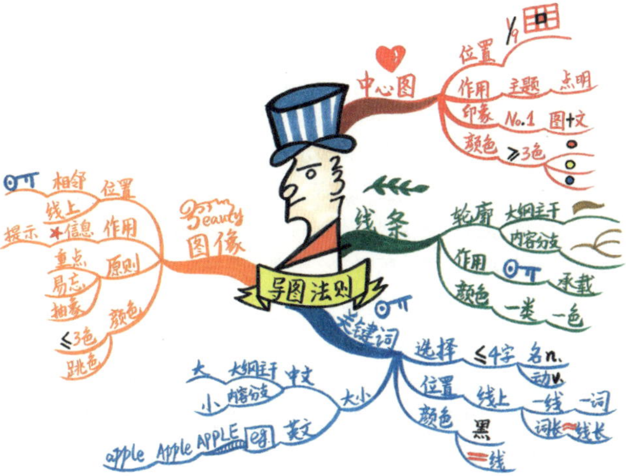

颜色

下面拿出紫色，来绘制颜色这个大纲主干的内容。颜色可以用“调色盘”来表示。我们通常会使用三组必备的对比色绘制导图，分别是：红一绿、橙一蓝、黄一紫。对于职场人士来说，只需要使用一根有这六种颜色的圆珠笔就可以了。至于线条的颜色，我们通常不用黄色，因为用黄色画线条、写关键词不是很明显，我们可以用褐色代替黄色。黄色一般会用在中心图上。

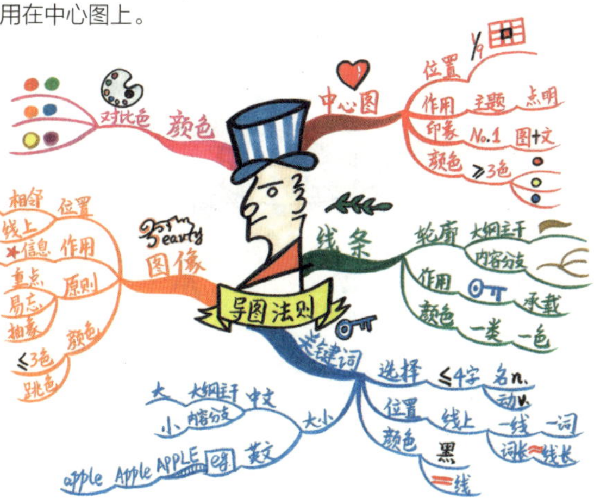

结构

最后我们拿出褐色的彩笔来绘制最后一个大纲主干的内容——结构。结构可以用“六面的魔方”来表示，这部分内容要求绘制导图时纸张一定要横放，这样可视度会比较好，便于我们平衡布局。思维导图整体结构是呈放射状的，就像我们人脑的神经元细胞结构一样。对于职场人士来说，最重要的不是图画得多么美观，而是“逻辑架构”，那就涉及“关键词”和“线条关系”。初学导图时，我们只需要掌握三种逻辑关系就足够了，它们分别是：总分、并列、递进。举个例子，在这幅导图中，中心图、线条、关键词、图像、色彩是并列的关系，并列关系的线条尽量保持在 7 条以内；关键词—位置—线上——线——词，它们之间是递进的关系，递进关系的线条尽量保持在 5 条以内。

以上就是“思维导图绘制法则”的完整版。

4 种常见的思维导图

思维导图在内容的呈现上一般有 4 种形式：

1. 全图版；

2. 全文字版；

3. 图文并茂版（文字为主，图像为辅）；

4.3D 魔幻立体版。

这四种形式各有优势和特点，下面我们来共同了解一下。

••• 全图版 •••

全图版思维导图主要是由线条和图像组成的，这种形式的“吸睛指数”很高，很容易与他人产生互动。实际使用时最好有人对导图进行解说，便于听众准确理解。这种形式适用于自我介绍、赠送贺卡、上台报告和演讲展示等场景。我们一起来看一看下面这张全图版的自我介绍。

自我介绍——刘艳

图解

我们先阅读一下中心主题，中心图画的是一支笔和一张便签纸，是“留言”的意思，谐音为我的名字“刘艳”。

下面我们再来看一下大纲主干。

这幅全图版自我介绍有四个大纲主干，分别代表：家乡、爱好、梦想、座右铭。

“茂盛的树冠上盖了一座房子”代表的是“家乡”。

“标有 LOVE（爱）的红心旁托着腮的小姑娘”代表的是“爱好”。

“进入甜美梦乡的太阳”代表的是“梦想”。

“两把钥匙和一把锁”代表的是“座右铭”，“锁”代表的是人生，“两把钥匙”分别代表心理和行动，两把钥匙开一把锁代表知行合一，知是行之始，行是知之成，从而开启智慧人生。

下面看内容分支。

第一部分：我的家乡。我现居北京，画的是北京标志性建筑天安门。我的出生地是河北唐山，唐山曾经遭受 7.8 级的强烈地震，在这里用“唐山抗震英雄纪念碑”进行说明。有一部关于唐山大地震的电影，所以在此处用“电影胶片”代替。

第二部分：我的爱好。有三条分支：食物、艺术、生活。食物用图像字“eat”（吃）代替，我喜欢吃螃蟹、关东煮、西瓜、胡萝卜，喜欢喝果汁；艺术用图像字“art”（艺术）代替，我喜欢主持、美术、声乐、舞蹈，以及思维导图；生活用图像字“life”（生活）代替，我喜欢旅行，种植竹子和盆花，喜欢收集玩偶“蒙奇奇”。

第三部分：我的梦想。有四条分支，即我希望能成为一流的导师，导图的技法与心法可以不断地精进，演讲与主持是我终身追求的梦想，我还希望我的孩子聪明善良，像小天使一样。

第四部分：我的座右铭。有两条分支，一是心灵上的，眼睛和脚印代表的是做人要有前瞻性，要脚踏实地，稳步向前；二是行动上的，“LY 2.5”代表的是我的名字“刘艳”的拼音首字母和我的生日，意思是希望我的每一年在讲课、脑科学、思维导图方面都能够与时俱进！

••• 全文字版 •••

这种形式由关键词和线条组成，适用于需要精准表达内容，无须人工解说的情况。这种形式可以节省时间、提高效率，尤其是在做会议记录、课程随堂笔记时，极为方便。

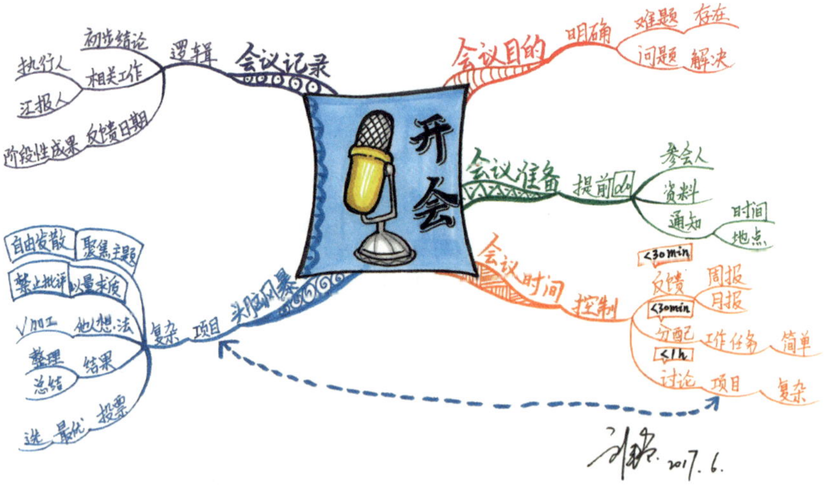

如何用思维导图提高开会的效率？

第一部分：明确会议目的

每次的会议一定要有主题和目的，明确需要解决什么问题，存在什么难题，要就哪方面达成一致的决定。只有明确了会议的目的，开会才能做到有的放矢。

第二部分：提前做好会议准备

会议发起者应做好会议准备，包括确认参会人员，提前通知好时间和地点，而且最好提前将与会议有关的资料、注意事项通过邮件发送给参会者，让他们能提前对会议信息有大致的了解。

第三部分：控制好会议时间

会议时间并非越长越好，一次高效的会议时间安排应遵循以下原则。

周报、月报反馈：小于 30 分钟。

简单的工作任务分配：小于 30 分钟。

复杂项目的讨论：小于 60 分钟。

（注：复杂项目需要多次开会讨论，每次尽量控制在 1 小时内。）

第四部分：针对复杂的项目进行头脑风暴

（1）聚焦主题，自由发散；

（2）以量求质，禁止批评；

（3）允许对别人的想法进行加工；

（4）对头脑风暴结果进行整理和总结；

（5）团队投票选出最优方案。

第五部分：做好有逻辑性的会议记录

会议记录应包括：

（1）会议初步结论；

（2）相关工作执行人 / 汇报人；

（3）阶段性成果的反馈日期。

··· 图文并茂版 ···

这是最常用的一种形式。这种思维导图有六大核心要素：心、线、词、图、色、构。这种形式运用了左脑的逻辑思维和右脑的形象思维，可谓图文并茂、直观明了。

教师节

自然
生而不有
为而不恃
长而不宰
精神
政治理想
无为而治
小国寡民
方法论
知雄守雌
以退为进
柔弱>刚强
无为
无×为
道德經
总述
五千言
体大思精
胜义迭呈
妙语连珠
鞭辟入理
要而言之
内容
4方面
基本精神
1个
生成论
主宰
道
本源
天下万物
辩证法
朴素
事物
相互
依存
对立
转化
循环往复

道德经

··· 3D 魔幻立体版 ···

思维导图还有一种特殊的形式，就是立体的形式，中心图是手工拼成的 3D 模型，这种形式具有很强的趣味性，当然也是做礼物的好选择，而且还能增强动手能力，真正做到全脑绘制导图。

导图福卡——送给妈妈的生日礼物

新天鹅城堡思维导图

新浪微博二维码

刘艳公众号二维码

作者简介

刘 艳

- 思维树教育创始人
- 第 8 届世界思维导图锦标赛全球总冠军
- 第 9、10 届世界思维导图锦标赛中国队总教练
- 世界思维导图理事会中国区副裁判长
- 中国大陆首位东尼 · 博赞思维导图全球授权认证资深导师
- 世界思维导图理事会（WMMC）博赞思维导图专业考级（1~3 级）北京地区首位项目负责人
- 中国关心下一代工作委员会特聘专家
- 中国管理科学研究院素质教育研究所研究员
- 中国最大 216 平方米巨型思维导图总策划人
- 10 年思维导图教学经验
- 罗辑思维“得到”签约脑图专家
- 果壳网“在行一点”签约思维导图专家导师
- 畅销书《你一学就会的思维导图》作者
- 曾在清华大学、长江商学院、强生集团、东南卫视、北汽集团、中国航天科工集团等知名机构和企业讲授高端思维导图课程

样。了解和掌握构建思维导图的规律，需要随手携带一份副本（或许可以印成思维导图的形式），在你画任何思维导图的时候都可以查阅。很快地，这些规律就会变成你的一种习惯，像染色体一样标记在你的思维导图的“基因”里。

学习构建思维导图要循序渐进：为你的第一幅思维导图设定目标；然后是前两幅，再然后是前 5 幅、前 10 幅、前 25 幅、前 50 幅……直到你画出前 100 幅思维导图——你的“世纪”图！如果你一直按照规律画，当你画完 100 幅思维导图时，你将掌握精湛的构图技巧。

当思维导图遍布整张纸的时候，有时会变得复杂。这些规律的目的就是为了全面提高导图的清晰性，从而增强对你大脑的影响，也增强对他人大脑的影响。为了更加明白规律的重要性，我们来更详细地探讨一下这些关键要素和其他一些相关的思考。

11 个步骤，从入门到精通

研究这些规律的效果和作用最简单的方法，就是在构建思维导图的过程中实践这些规律。首先，你要牢记第一章中列举的 7 个步骤，确保完全掌握构建思维导图的基础。然后，自选题目并准备好运用这些规律来画思维导图。当你读到后面的段落时，为什么不尝试画一幅呢？

在第一章，我用了莎士比亚的例子，向大家阐释了每个步骤。为了做这个练习，我希望你能停下来思考一下想探讨的问题或主题。

收集资源

一旦确定主题，在画思维导图之前，要先收集材料、做研究或整理其他需要的信息，以随时取用。

纵向位置　　横向位置

比如，如果你想用思维导图为正在学习的课本内容做笔记，那么一定要保证你身边有这本课本，以便随时查阅。

为了防止你的思维导图上的元素变得拥挤，尤其是因为思维导图要向边缘延伸，所以要在一大张空白纸上画思维导图。纸需要是纯白色的，不包含线条或任何能转移你注意力的装饰物，这一点很重要。纸张一定要横向放置，因为这样比纵向（竖向）放置能提供更多的自由和空间。另外，横向纸张上的信息更容易被一眼识别，因为你可以用非线性的方式观察整张纸，从中心往四周看，而不是从左至右循环往复地看——像看打网球似的，脖子发僵——也不是像常见的读课文那样自上而下的方式。

把纸放在你面前平坦的或是抬升的平面上，如果你喜欢的话，可以把纸钉在墙上，然后站着画。像建筑师的画板一样抬起的平面能让你改善画姿，选取更好的视角；如果你觉得舒服，也可以把纸铺在地上画。有些艺术家，比如英籍葡萄牙裔画家保拉·雷戈有时会坐在地上画画，当需要创造性地思考时，这种孩子般的方式更能够解放思想。

你可以在任何地方、用任何姿势来画思维导图，尤其是如果你是一个瑜伽练习者、体操运动员、舞蹈家，或者是小朋友。比如，你可以在冥想的状态下构建思维导图，因为思维导图可以使左右脑同时作用，从而沉淀和平衡你的思维。许多人——尤其是小孩子——会一边趴在地上，用两只胳膊支着脑袋，一边构建思维导图。

但是没必要把自己变得像一个柔术演员。让你的思维导图尽可能地垂直，各分支之间尽可能地水平，这样的思维导图会更加明了易读。当你画图和写字的时候，你要用手在纸上勾勒，而不要转动纸张。

为了增强你的思维导图在视觉上的吸引力和冲击力，要选择一系列容易画流线型的彩笔，从细的笔尖到粗的荧光笔头，颜色各异，丰富你的思维导图的色彩搭配，以求对记忆产生更强的视觉吸引（回忆一下在第一章讨论的“冯·雷斯托夫效应”）。

打造你自己的便携式思维导图工具箱，包含白纸和彩笔，并随身携带。这样你就不会陷入只有横格纸和蓝色圆珠笔的窘境了。

如果是在商业会谈中，你可以用黑笔和白纸画出思维导图的草图，然后在后期填充颜色或者重新用彩笔来画。无论你的思维导图有多么精彩，画完之后马上审阅一番总是有益的。因此，在画出黑白草图之后填充颜色是很好的做法。然而，颜色是激发创造力的关键元素，这意味着当你最开始用黑色笔来画草图的时候，产生新想法的能力就会被大大限制。

选择中心图

你想好主题以后，就可以在纸的中央画中心图了。你需要使用维度、自我表现力和至少三种颜色使思维导图具有视觉冲击力，便于记忆。还要考虑好如何用图像代表你的主题，使之尽可能有趣，并富有想象力。如果一个特定的词语是你思维导图的绝对核心，就把这个词语转化为图像，用维度和颜色增强它的视觉吸引力。一幅充满活力的中心图会自然而然地激发你的视觉和大脑活动，引起许多关联。

你想让思维导图向你揭示什么？每一步都要牢记这个问题。

确立目标和基本排序观点

从中心图延伸出的主干，即主要分类，被称为“基本排序观点”，这些构成了思维导图的核心框架。

一组明确的“基本排序观点”能让你的思维导图从一开始就发挥出最佳创造力：通过对“基本排序观点”的分类，并按照一定的意义排序，你能够更清楚、更全面地看到更深层的观点和理念，并为思维导图中的观点分出合适的层级。

当你开始画思维导图的时候，请认真思考以下目标。

- 你需要什么信息和知识？
- 你探讨的话题中最重要的七个分类是什么？
- 如果这是一本书，那么这一章的名字应该叫什么？有哪些课程，哪些主题？
- 你需要问哪些问题？（比如：“发生了什么事？”“在哪里发生的？”“有哪些人？”“是怎么做的？”“是谁做的？”“什么时候发生的？”这些问题都有助于你画出有用的主干。）
- 你的话题能分解出哪些分支？

你的“基本排序观点”也能解决以下顾虑：

- 结构——事物的外形
- 功能——事物的目的和功能
- 属性——事物的特点
- 处理——事物如何运作

- 评估——事物的有益之处
- 定义——事物意味着什么
- 分类——事物之间的关联
- 历史——事件发展的先后顺序
- 性格——人的作用和特点

首先，你可以写出你最先想到的 10 个（幅）词语或者图像，然后将它们归类到所属的通用标题下，用于构成主干。

延伸分支

我们在第一章中提到过，靠近中心图的主干要画得更粗，以凸显其重要性，并在这些主干上标注“基本排序观点”。由主干延伸出的所有二级分支所包含的信息是为了支持主干上的观点。概括性高（涵盖广）的观点要更靠近中心图，而概括性低（涵盖窄或较具体）的观点要分布在二级、三级分支上，离中心图较远。

如果你的思维导图还在构建的过程中，你很可能发现一些外围的观点其实比你最初置于靠近中心位置的观点更重要。如果真的如此，就根据需要把其所在分支加粗，从而为你的思维导图增添一个层级。

使所有分支呈现出自然的、波浪式的、流动的状态以增强视觉吸引力。另外，如果你画的分支都自然地弯曲、辐射，那么每一条分支就会有各自的形态，随后更能够激发你回想起分支上所承载的信息。

用图像表达自己的观点

为了优化思维导图的视觉效果，激发创意，并使画图过程充满趣味，请尽可能地使用图像（就像词语一样，标注在各自的分支上）。如果你上学时不喜欢绘画课，也不要担心——没有人会来评价你的绘画技巧。思维导图并非大师级的绘画作品：简明的示意图、素描、符号和涂鸦均可。事实上，不要因为画不出完美的图像而深感困惑——思维导图要的是快速地把观点记录在纸上，所以要把你画的图像当作一种速记形式，它们代表的是你深入思考后的精髓。

线性笔记法仅使用线性模式、符号和分析三种基本功能，而画图却要用到一系列大脑皮层功能，从想象力、逻辑和空间意识到使用颜色、形态、线面和视觉图形。

在思维导图中使用图形还有更大的益处：它能够增强你日常的视觉感知力。无论你艺术认知水平高低，每次画图的尝试都将使你更加关注真实生活中的灵感，你也将更加理解周围的世界。

最后，思维导图不仅仅是在使用图像，它本身就是一幅图像！与一篇文字相比，思维导图更能描绘你的思维。1970 年，拉尔夫·哈伯教授做的一项关于图像识别的研究发现，人脑对于图像的识别几乎能达到过目不忘的水平，这说明图像能够非常出色地辅助记忆。哈伯教授惊奇地发现，正常人看过 10 000 张图片之后，能够记住其中的 98% 以上。

设想一下，当你完成第 100 幅思维导图的时候，你很可能记住了 100 张图——那可是 100% 的记忆效率。再设想一下第 1 000

幅导图！现在再设想你完成了 10 000 本书的 10 000 幅思维导图：即使你只记得其中的 98%，那也是非常惊人的数字！思维导图提供了一种相对简单的方法，让你成为天才中的天才！画完前 100 幅思维导图，你就像拥有了一个营的将士，而不再是空洞的堡垒。

图像要尽可能画得清晰。思维导图越清晰，看起来就越简练、优美、引人注目。清晰的图像能带来清楚的反馈。清晰能净化你的眼眸，让你像孩子或艺术家一样看待世界。你的感知力会不断地得到提升。

玩转单词

为了使思维导图清晰明了、有冲击力，能够自由发挥，记得在每条分支上只用一个关键词。一个关键词比一条短语更容易让人记住，也能更长久地留在记忆里——就像落入池塘的一粒石子，能激起万千关联的波纹，激活你的思维。另外，既然规定在每条分支上只写一个词，你就不得不去深入思考到底用哪个词来表达你的观点最为合适。这需要你进行深入的辨别和分析，而且这个过程通常需要一定的专注度。而线性笔记法就缺乏这一点，相比之下，它就是一种更为被动和徒劳的方式。

关键词一定要和所在分支长短一致。你的思维导图中的关键词相隔较近，词与词之间的相互作用就能够激发你想到更多的关联。这样做也能让你的思维导图更有条理，而且能容纳更多信息。

写关键词要用大写字母，以提高辨识度，让大脑更容易把它们形象化。牢记你导图中观点的层级，在二级、三级分支上分别用大写、小写字母体现词语不同的重要性。

要让思维导图中最关键的元素凸显并容易被记忆，就把相关的单词画出 3D 立体效果。

形成联觉

“联觉”指一种感知现象，是通过某一感觉或身体部位的刺激，引起另一感觉或身体部位反应的现象。例如，某人利用联觉把一周中的每一天与不同的颜色和纹理联系起来：周四可能是长毛绒毯纹理的蓝色，而周日可能是泡沫纹理的黄色。

联觉通常被描述成一种精神疾病，因为它会引起人们对自身感官知觉的错乱。我认为这种描述是一种误解，因为条理清晰的联觉实际上可以增强大脑功能。思维导图就可以被看作有条理的联觉思维工具。在某种程度上，联觉是关联性的物质和精神的体现。所以，我们要消除对联觉现象的恐惧。在画思维导图的时候发挥联觉效应，运用五官的感觉选词作画，包括视觉、嗅觉、听觉、味觉和触觉。同时也要考虑到动态感，这可以通过分支的自然形态表现出来，并想一想还有哪些方式可以表现动态的感觉。

做一个代码创造者

我们已经看到，颜色作为最强大的工具之一，可以用来提高记忆力和创造力。为了使颜色发挥更强大的作用，你就要为自己的基本排序观点匹配特定的颜色，形成颜色代码。精心设计的颜色代码将帮助你更快地读取思维导图的信息，增强记忆力，提高创意的产量，扩大创意的范围。

如果你要画一幅关于“五行”的思维导图——“五行”是中国哲学中五种传统基本元素——记好最合适的颜色代码，你将会在“木”的主干上涂绿色，在“火”上涂橙色，在“土”上涂棕色，在“金”上涂银色，在“水”上涂蓝色。

除了在主干上运用颜色代码，你还可以创造一些其他代码，在思维导图的不同区域建立即时的连接。这些代码可以很简单，比如用 × 和√；或者下画线和形状，如圆圈、三角形和方形，将其精心置于导图之中；或者可以用更复杂的符号，甚至以 3D 效果呈现。想想用于排版印刷的传统脚注符号，以它们作为样本来发明你自己的符号。同时要记得我在引言中简单提到过的记忆系统——使用代码将数字转化为声音，再转化成词语。

像脚注符号一样，在思维导图中，你可以用代码来连接资源和材料，如传记参考；或者指代特定的要素，如经常出现的名字、日期或事件。无论创造哪种代码，都将帮助你对思维导图中的观点更好地分类和分级。

思维导图越能在视觉上引起兴奋，效果越好。

建立连接

像代码一样，使用连接分支和关系箭头，可以在不同区域和分支间建立联系，使看似不同的观点之间的相关性体现出来。分支和箭头同样可以帮助你在脑海中将不同的想法建立连接。牢记思维导图使用图像的原则，连接分支可以是能够激发你想象力的曲线、圆圈、环、链子或其他图形。

关系箭头能自然地吸引你的眼球从导图的一部分看到另一部分，这样能够激励你的思维随着注意力转移，为思维指导方向，激发发散性思维和高度创造性思维。像连接分支一样，箭头的大小、形状和维度也是多变的。箭头也可以分出多个指向，连接若干不同的分支。

使用分界线和记忆群组

我在 19 世纪五六十年代发明了大脑模式笔记法，这是现在的思维导图的前身。我在英国广播公司（BBC）的电视系列节目《开动脑筋》中有过专题介绍。尽管大脑模式笔记法的侧重点是文字笔记而不是图像，但我已经使用了分支和颜色：在笔记中，我会围绕每条主干及其子分支画出不同颜色的界线来区分它们。这些界线有波浪形的，有像云朵一样的气泡形的，我也会把与特定话题相关联的一组观点圈在一起，使它们更便于记忆并相互连接。

那时我还不太了解记忆群组，但这一技巧与记忆群组类似。记忆群组是一项著名的记忆技巧，最早由美国心理学家乔治·阿米蒂奇·米勒在 1956 年提出。这个概念来自米勒著名的理论“神秘七加减二”，阐释了短时记忆仅能够有效地储存七条信息。米勒后来讲述了如何使用记忆群组这一技巧来扩展记忆面。

随着我发明出思维导图，我明白记忆群组在一些情况下可以发挥有效作用。在思维导图中，分界线里的部分构成了自己独特的形状，不仅能够加深观者的印象，而且所圈定的信息符合短时记忆的特性。在构建复杂的思维导图时，因为涵盖较多主题，拥有许多不同层级的信息，分界线和记忆群组就会特别有用。

然而，在思维导图中使用分界线和记忆群组也要特别小心，因为构建导图的过程需要微妙的平衡。如果思维导图仍在构建过程中，每条延伸的分支需要是“开放式”的，能够自由地建立连接。如果一条分支被过早地画线界定起来，那么思维导图可能会自我“禁足”。

千万不要把思维限制在“牢笼”中，好的思维导图永远是开放式的。

保留空间让自己“呼吸”

我们已经明白，要用单词和图像的大小来显示思维导图中层级的重要性高低。

条目画得越大，视觉冲击越强烈，越容易被记住。

可视化你的思维

感觉有困难吗？请选择下列任一主题作为你的中心词：

幸福　和平　工作　成功

既然你已经有了思维导图的启动工具包，就可以练习画思维导图了。练习得越多越好！练习过程中要记得参照规律。

一旦完成一幅思维导图，要好好看一看。你自己觉得如何？哪些地方需要多注意？用思维导图记录自己的回答和反馈。

现在，选另一个主题再练一次。

思维导图不同要素之间的空白与要素本身同等重要。条目之间有合适的间隔，会使你的思维导图看起来清晰、有组织，视觉上更美观，也就意味着你更有可能领会其中的信息。

高手必经的 3 个阶段

大多数成功的思维导图实践者将会经历三个阶段：

接受：在你开始画思维导图之前，不要考虑你的智商、想象力或绘画技巧。遵守思维导图构建规律，直到你对它们了如指掌。研究艺术家的作品，如列奥纳多·达·芬奇和罗琳·吉尔（他们都影响了思维导图的发展），你将更深刻地意识到图像和颜色的重要作用。

应用：对构图规律融会贯通以后，要尽可能多地练习画图并运用规律。只要你需要做记录、做决定，或者学习新技能，都要用思维导图。本章中有一系列思维导图的实际应用。你也要尝试画一些，并且想一想思维导图在其他哪些方面可以提高和丰富你的生活。

转化：随着时间的推移，你将形成自己的思维导图风格。当你画完数百张思维导图时，你将会开始尝试转化思维导图，把它提升到一个新的高度。

图解思维导图六大应用

最初发明思维导图时，我并不了解这个思维工具的适用性。一开始，我是想找到一种相仿的形式来外化思维——把大脑内部运作的模型搬到外部的纸上。正如我提到的那样，这一过程延续了几十年才完成，在这个过程中出现了思维构架，随着时间的推移演变成为思维导图。随着对思维导图的改进，我对记忆技巧的痴迷依然排在首位，我也把思维导图当作记忆工具来用。直到我的兄弟巴里·博赞教授提出疑问，并让我重新审视发明思维导图

日　志

坚持做思维导图日志，让思维导图成为你日常生活的一部分，可以用一本练习册或活页簿来记录日志。只需确保练习册或活页簿中的纸张都是纯白色且无线条的，这样你的大脑能自由地、创造性地思考，不受任何限制。把你的第一幅思维导图放在日志第一页最重要的位置上。（如果需要，可以把导图粘贴在日志里。）将思维导图日志与思维导图日记、时间表、计划表（见第五章）一起使用会更有效率。有了日志，你就能看到自己画思维导图的技能随着时间的推移有了不断的提高。日志就像你想法的“仓库”，你在翻看之后能意识到自己思维的进步，而且每当你需要灵感的时候，日志将会是你得心应手的资源。

的整个过程，我才发现新的突破口。他问我为何仅仅把思维导图用作提高记忆力，而不用在提高创造力等其他思维方面。最初，我并不在意他的建议。但我想了一晚，第二天就意识到他说的是对的！思维导图当然可以用于生活的各个方面。

在本章后面的部分，我们将更详细地了解思维导图多样化的、振奋人心的应用。在聚焦这些细节之前，让我们首先看看思维导图的一些主要应用。而最好的方式莫过于用思维导图来介绍。

将这幅关于主要应用的思维导图当作一个开始，通过它来探索你生命中不可思议的宇宙。这前六项主要应用就像六个“星球”，而你的思维导图就是“太空飞船”，带你依次“造访”每个星球。当探索完一个星球的时候——也许是当你实现目标或者在你的领域成为冠军的时候——思维导图将带你开启新的经历，迎接新的挑战。

思维导图可以应用于你生活的方方面面：商业或休闲，学习或个人成长。比如，你可以将自己曾有的最棒的对话画成思维导图，或者为你的梦境画思维导图，然后通过思维导图把这些梦写成故事或诗歌。

接下来，我将逐条介绍思维导图在这六个方面——“家庭”“工作”“教育”“创造力”“健康”“记忆”——的基本应用，关于每一条都会提供许多很棒的建议，教你使用思维导图在这些方面实现你的目标。这里也包含一些思维导图范例，给你提供灵感和可能的启发。但是，因为每个人的思维导图都是独一无二的，所以你的思维导图的最终结果可能看起来很不一样。思维导图在这些方面更深层的用法将在第五章讲到。

掌控生活：轻松搞定日常琐事

有句俗话说得好：心之所在即为家。家给我们提供了一个遁世的避难所，这是一个可以表达我们个性的地方，也是一个可以享受最亲密关系的地方。家既是一个安逸的天堂，又像一个炼金

第一步

画思维导图的六个主要应用之前，首先要画中心图。在中心图里，将“应用”一词画在一个钥匙图形当中，以增强记忆效果。

第二步

从中心图延伸出一条主干。在此图中，将该主干标注为“家庭”并涂橙色（橙色代码为“健康”和“家庭”）。主干延伸出若干子分支。以“家庭”为例，相关的关键词有“爱”“亲人”“朋友”“消遣”。

第三步

画其他五条主干，标注“工作”“教育”“创造力”“健康”“记忆”。在有些关键词旁边画小的标记。

第四步

这五条主干延伸出各自子分支。如与“教育”相关的关键词有“学校”“大学”“学习”“考试”。

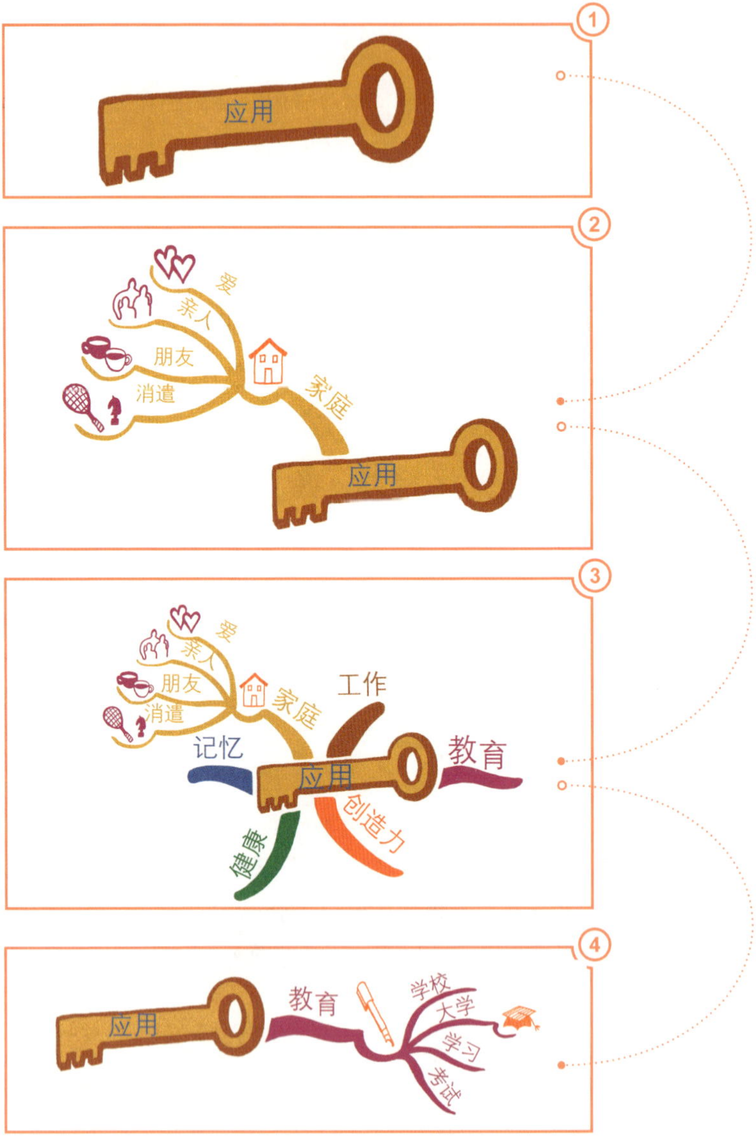
1
应用
2
爱
亲人
朋友
消遣
家庭
应用
3
爱
亲人
朋友
消遣
家庭
工作
记忆
应用
教育
健康
创造力
4
应用
教育
学校
大学
学习
考试

第五步

完成的思维导图要遵循构图规律，在每条分支上标注一个单词，附带许多有趣且好记的图像。

这幅思维导图画了“思维导图的六项主要应用”。如果要你画关于自己生活的思维导图，那么想想你要选的六个主要方面。

术士的坩埚——我们在这里炼制重要的回忆，经历人生各种转折，比如出生、儿童时代、结婚、为人父母和退休。我们的梦想也在这里萌芽，从这里出发，追求人生抱负；我们也在这里做开心的事，比如在这里举办宴会。

实现个人目标

花一些时间回顾日常生活中对于你来说最有意义的方面，再思考一下你想实现的目标。第 57 页的思维导图是关于马拉松训练的，但是它的基本原理可以用来帮助你实现个人目标。它的基本排序观点代表的是长距离竞跑者重点考虑的问题：训练、营养、设备、动力和阻碍。以这幅思维导图为启发，构建一幅关于实现你自己个人目标的思维导图。

画一幅中心图代表你想实现的目标，然后围绕这幅中心图画出相关的基本排序观点的主干。这些观点可以是你需要采取的实际步骤和你需要取得的东西，既可以是你需要购买的装备，又可以是无形的东西，比如勇气或毅力。动机是非常重要的主干，因为持之以恒对于实现长期目标来说非常重要。你可以设想取得成功后能给你带来的所有益处，无论是健康、金钱，还是自尊，还要写出在你努力的过程中支持你的人或事物。或许还要画一条关于阻碍的主干，因为正面应对所有可能的阻碍对于克服它们是很好的出发点。二级、三级分支将进一步探索这些基本排序观点，在这里要确定更多的细节，比如，实现目标需要的时间和达到目

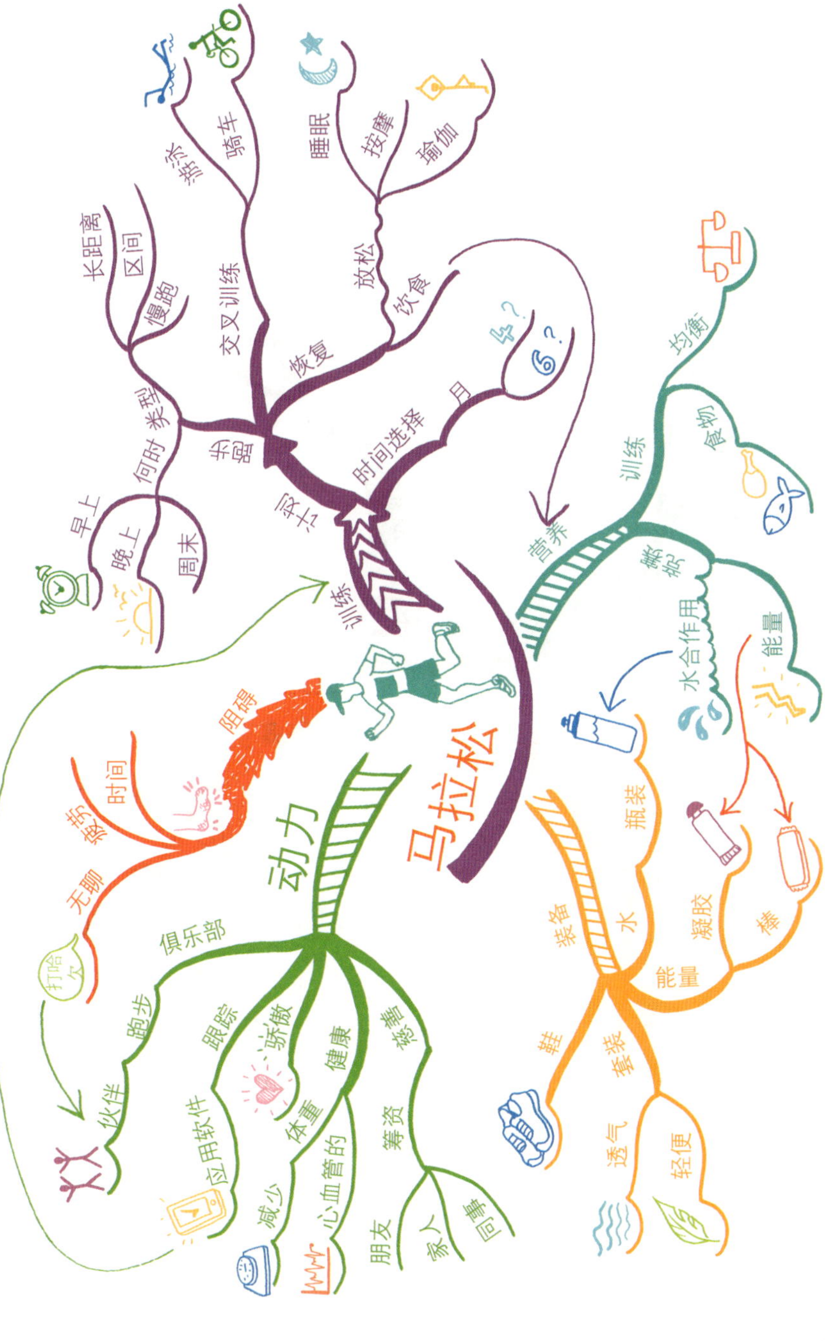

实现个人目标的思维导图：马拉松训练

思维导图周计划：第 26 周——周年庆

标需要的具体事物。你可以尽量充分地探讨这个过程中的每个阶段，或者为每一个阶段单独画思维导图进行深入探讨。

如果你倾向于把别人的需求放在你自己的需求之前，那么你会发现这种设立目标型的思维导图非常有用。或许你很想去跑马拉松，但你总是忙于奔波其他人的事务——送孩子去参加足球比赛，从体育馆接父母回家——而没时间去做你自己的训练。（别管你的马拉松训练了！）如果是这样，画一幅思维导图是很好的方法。这样可以保证你在处理你和家人的日常事务中，把自己的个人目标放在首位。把你画好的思维导图挂在墙上，时刻提醒自己和家人，并把努力实现这个目标作为你日常生活的一部分。

做周计划

暂时先不谈你人生的伟大目标了，你需要在本周完成什么，明天完成什么，甚至是今天晚些时候要做什么。

思维导图是很棒的个人时间管理和计划工具。你不必在电脑屏幕上点开你的个人时间表，一页页地翻看日记，或是翻来覆去地看日历，一幅关于本周活动的思维导图就能一次性地告诉你本周要做的所有事。凡事预则立，当你可以一眼看完一周活动的时候，你就会未雨绸缪，知道如何高效地分配时间和精力。

中心图要选择一个可以代表你关于这一周想法的图像，或是这一周最重要的方面，或者你可以简单地画一个你的家，或是用一些方式画这一周的日期，比如 3D 版的“第 X 周”（如例图中的“第 26 周”）。围绕中心图，用不同颜色按顺时针方向画 7 条主干，每条代表一天。在主干上标注第几天，然后在子分支上画出你需要记住的事或计划的活动。用箭头连接不同日子里相关的活动，如果某天有一系列特别重要的活动，可以增加一些记忆群组。

在第 58 页的例图中，构图者是在计划周六晚上的结婚周年庆活动，所以中心图是一对充满爱意的夫妻和一个兴奋的孩子（这一周也有很多需要庆祝的日子）。计划这些庆祝活动包括：要在周一画一个提示，提醒自己预订酒店和演奏会门票，以及非常重要的雇用临时保姆；周五要购买礼物和贺卡——有了思维导图，就不怕会忘了纪念日或者生日！将这一周的其他所有重要事件也都画好，从会议、工作展示到孩子的运动课程。

你会发现将本周的思维导图与思维导图计划表和时间表（见第五章）一起使用非常有效，因为这既能使你看到每一天的细节，又能概览较长一段时期的计划。这样做，你就能考虑在前，掌控自己的时间安排，防止事情的冲突和可能的意外，确保工作、休息和娱乐的平衡，度过健康而有收获的一周。

一起计划

如果你与其他人居住在同一屋檐下，无论是和你的家人还是室友，为什么不一起做一个思维导图周计划呢？我们大都会经历这样的情况，当同一屋檐下的人的活动发生冲突，或者有人似乎不愿尽职尽责地完成自己分内的家务和任务时，就可能爆发争论或吵闹。许多家庭还会有另一类问题：当大家总不在一起的时候，不同的人并不知道其他人在做什么。好消息是思维导图可以解决这类问题，让每个人都了解别人的忙碌，或者让每个人都轮流完成丢垃圾和清洗等家务，让家人彼此之间相互感激，从而改善每个家庭成员的行为。

像个人的思维导图周计划一样，一幅联合计划思维导图也可以以每一天为主干，将每天的所有不同活动作为二级、三级分支——重要的是要写上家务，这一项在每天都要有。你也可以用这幅导图去激励每个人坚持各自的目标，无论是练习 20 分钟吉他，还是一周跑步三次。把这幅导图贴在冰箱上或者大家都能看到的地方，而且大家都不能忽视它。

> 有思维导图的家会更幸福、更健康——也让每个人有更多的休息时间！

筹办一个孩子们的聚会

有谁不喜欢快乐的聚会呢？但是，筹备一次聚会完全是另一码事，尤其是筹办孩子们的聚会，这在近几年来似乎是状况频出的一项活动。以前只给小朋友们准备些果冻和冰激凌，让他们自娱自乐几个小时，这样办聚会的日子早已一去不复返了。今天，要给孩子们办一次聚会无异于组织一次军事演习，要覆盖所有方面，准备好应对各种突发事件。幸运的是，有思维导图来帮忙。我在这幅导图里用的例子是筹办一个以超级英雄为主题的孩子的生日聚会，当然，你可以选择你喜欢的任何主题——或者如果你愿意的话，主题也可以完全与小孩子无关。

大部分聚会的核心统筹安排，无论对于大人还是孩子来说都一样：确定聚会的日期后，你需要选择一个主题（如果你想要一个主题的话）和举办地点，列出需要考虑的事项，如成本、空间和交通方式。然后在主干和子分支上写出宾客名单，计划娱乐活动、餐饮和装饰。如果聚会要包括一些特殊安排，比如游戏、游泳或魔术表演，也可以把它们画进导图中。你也可以专门用一条主干表明聚会应当如何反映主题，比如通过宴会服装、装饰和发给小朋友们的礼物来反映。有了像筹备孩子聚会这样令人兴奋的话题，尤其是还要涉及一个主题活动的话，你就真正能够体会画思维导图的乐趣。

找到最棒的礼物

你已经提前做好了聚会计划，所以现在你有大把的时间去购买礼物了。谈到买礼物，关于你的家人和朋友喜欢什么、讨厌什么，用思维导图来记录再合适不过了。如果你曾茫然地徘徊在百货商场中，拿起一双袜子反复打量，抑或是提着购物篮，里面塞满了可能用到的礼物，却全然不知道该将哪个礼物给谁，那么你会发现一幅思维导图能非常方便地帮你厘清思路。

要画一幅关于挑选礼物的思维导图，你先要在横向放置的纸张正中心画一幅能激发灵感的中心图。中心图可以画打上蝴蝶结的包裹，或者蹦出一颗星的方盒，或者长着七彩角的独角兽，寓意愿望得以实现。

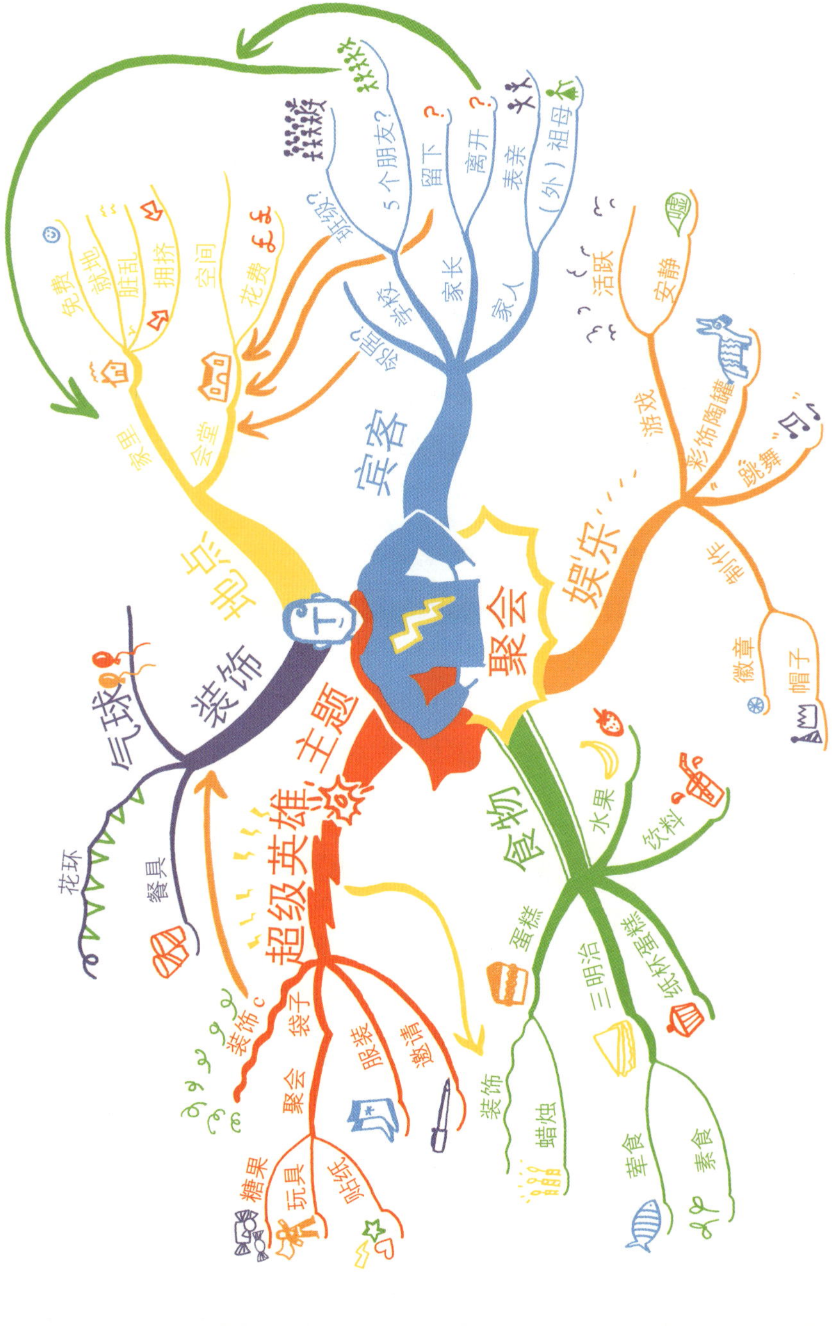

筹办孩子们聚会的思维导图

运用想象力，把中心图画得有趣、引人注目，表达出赠送礼物的美好情绪。

现在，为你购物单上的每个人画彩色的主干。在子分支上画出他们喜欢的和讨厌的事物，同时使用图像和文字来解释。对于每个人有可能接受的礼物，在子分支上画上有趣的图像。

接下来，再延伸出一级子分支，进一步发挥你的想象力和创造力。在理想世界，当钱不再是问题的时候，你会为那个人买什么礼物？或者不考虑地域因素或其他任何障碍的话，你会送那个人什么礼物？回到现实，能够替代理想礼物但同样有趣（还要买得起）的礼物是什么？

当你完成这幅思维导图，把它放入你的年度计划表中时，每当朋友或者亲戚过生日的时候就可以拿出来参考；或者把它作为圣诞节的惯例，一旦某人的理想礼物已被确定，就可以在这一条主干上打钩。

记住，千万不要删掉思维导图上的任何东西！

删除某项内容意味着否定你已经取得的结果，抹去生命中的一段记忆；相反，当一幅导图充满了肯定的对号或笑脸时，也是对你收获的一种认可。如果你用思维导图设计购买礼物或计划活动，当你找到理想的礼物或者完成任务时，一定要用对号或其他合适的符号标注出来。

计划浪漫的短假

你是否曾坠入爱河，并希望给你心爱的人送上美妙的惊喜？或者你们已经在一起几年了，还想重新点燃浪漫之火？庆祝和巩固这段感情最好的方法就是带上你心爱的人去一个奇妙的地方休一次短假，共度一段美妙的时光。遗憾的是，计划一次浪漫之旅跟筹备一次聚会一样，通常是一件有压力的事情，而且在你还没出发之前，对于安排的种种担忧就可能压灭了想去休假的“火花”。为了神奇地安排好时间而不至于一片混乱，从住宿、交通到具体做什么，可以用思维导图来计划所有的细节。

无论是带你的爱人漫步森林步道、品尝红酒、烤火取暖，还是在充满异国风情的沙滩上跳舞直到黄昏，都可以用思维导图来精心计划。在营造浪漫方面，思维导图就像一根魔法棒，让爱的魔力更加强大，并保持这种强大的魔力，因为思维导图意味着激情、冲动与深思、计划相融合。

当你从短假回来以后，如果一切顺利，你可以把这幅导图作为宝贵的纪念；如果相反，事情不太顺利的话，或许因为一些不可控的原因，你可以把这幅导图作为借鉴，下次要相应地做出调整（即使下次可能是跟另一个人出去）。

改善紧张关系

有时尽管是出于好意，一段关系仍然会遭遇挫折。这种挫折不一定只出现在爱情关系中，也可能出现在你与父母、同胞、同事或者朋友的关系中。无论是谁造成了不愉快，紧张的人际关系都会打击人心，使得改善关系、修复感情变得非常困难。如果你在一段关系中正遭受挫折，思维导图可以帮你发现新的视角，找到前进的办法，也能帮你理解他人的立场，找到折中的办法（见第五章，有关用更先进的方法来解决冲突）。

在这样的思维导图中，你的目的不是为了让你禁锢思维去确认可能一直埋藏着的任何偏见，也不是为了巩固你的立场，而是要让你坚持发散性思维的原则——让你的思维有根据地发散。为了实现这个目的，我建议你尽可能地在思维导图中使用中立或积极的词条。在下图示例中，构图者与自己的兄弟丹之间出现了矛盾。构图者选择画一辆自行车作为中心图，代表他与丹一起骑行时美好的儿时记忆。第一条主干表达他一想到丹时的感觉，既有负面的，又有正面的。第二条主干画了他不喜欢丹的具体方面，而第三条进一步画了他应对丹时的更多细节，这样做让他开始明白自己应该如何更好地对待丹。第四条主干，也是这幅导图中最粗的主干，画的是他喜欢自己兄弟的所有方面，而最后一条主干画了他可以寻求支持、帮助他调解与兄弟之间的矛盾的人。有趣的是，丹的女友先是被视为问题区（无法见到丹的原因之一），在这里又变成了潜在可以寻求帮助的对象。

要让你的思维导图真实、公开、中立。处理好你的情绪，还要善于接受：每一个潜在的负面问题，都包含着正面元素。如果你觉得这个过程令你心烦意乱，就停下来休息一下，等你冷静下来再继续画。当你继续作图时，你很可能发现导图中已展示出了各种可能性，来帮助你走出现在的困境。

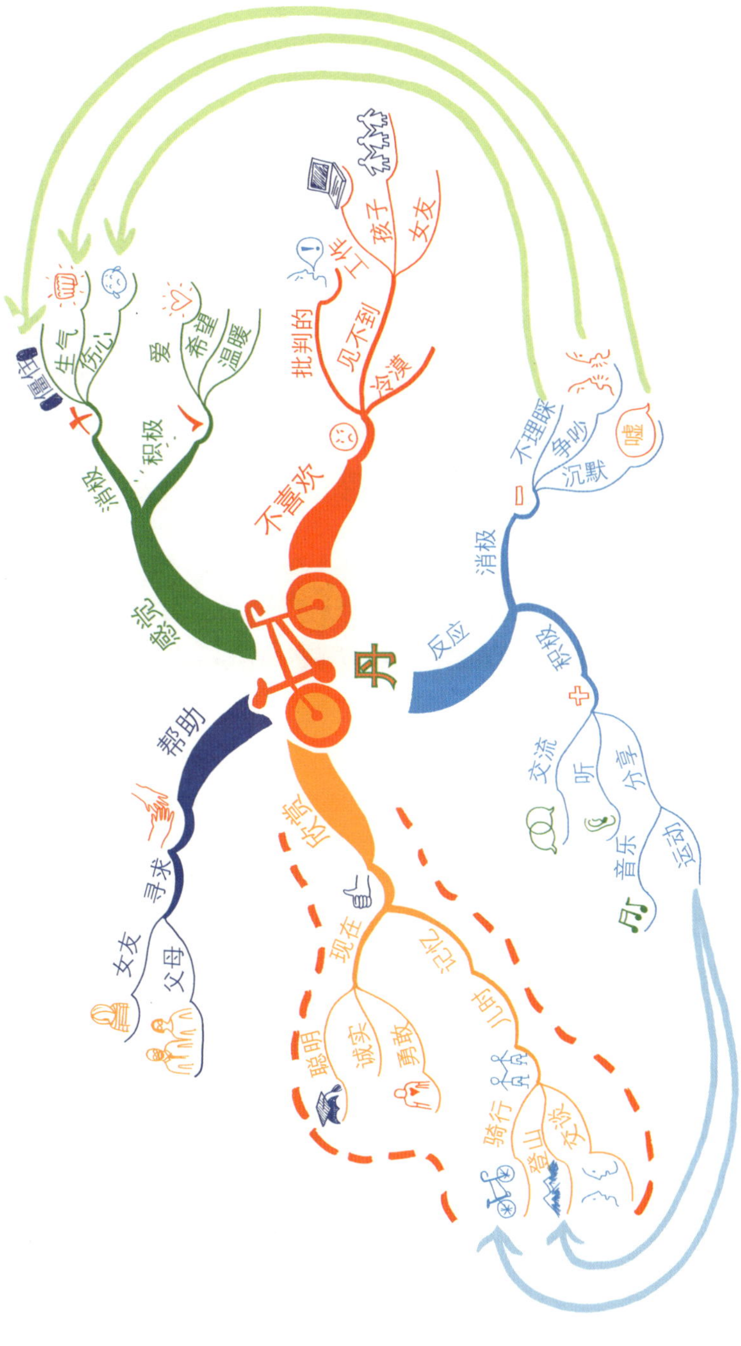

改善紧张关系的思维导图

职场精英：商务问题的终结者

根据最近的数据统计，英国人一生平均要花费 12 年在工作上。还有伦敦城市大学的研究者发现，在这 12 年中，平均有 4 年，人们都在打电话。《今日管理》的一项研究声称，公共领域的从业者可能花费近两年的工作时间在开会，而其中大约 6 个月都被浪费在无用的细枝末节和毫无意义的讨论上。

面对如此令人沮丧的事实，如何才能让我们的工作生涯更加高产和快乐？当然是用思维导图了！

> **无论是用思维导图处理研究工作还是项目管理，要以一种游戏的精神来使用，而不是把它当作令人讨厌的事，以确保得到有创意的双赢结果！**

接下来，我将向读者介绍思维导图在商业环境中的一些主要应用，从时间管理到研究工作，再到撰写报告。第五章有关于思维导图在工作场所和其他地方更高级应用的讲解。

时间管理

思维导图是一项多任务工具，所以它是帮助你处理多任务的理想选择！我们已经学习了思维导图在做周计划方面的有效利用。你是否发现自己忙于完成日复一日的工作要求而没有机会去做计划和优化？在一周工作日前画一幅围绕工作的思维导图，或者在之前的工作结束之际画导图，是一种能让你暂停下来、重新评估工作重点的很好的方式。一幅关于时间管理的思维导图可以围绕每个工作日来构建，突出截止时间和重要事件，或者它的基本排序观点可以按照你手头的项目进行划分，用子分支来反映每个项目中要在接下来的一周内优先完成的事务。停下手头工作去画一幅思维导图，感觉有点儿违反常理，但从长远的角度来看，花时间去做时间管理会创造更多的时间。

研究一个课题

如果你在办公室里工作，有时候很可能要做一些研究工作——可能是研究销售业绩、开拓新市场，或者为正在进行的工作改进方法，节约成本。

当你要使用思维导图研究一个课题时，中心图要简洁正面地表达主题。在第一条主干上画你想采用的方法或角度，在第二条主干上列出你做研究需要的信息种类，如证据、观点、事实和其他已有的研究分析。在第三条主干上画资料来源，在二级、三级分支上分别画主要资料来源和次要资料来源。第四条主干用来画评估材料的方法，第五条主干用来画如何最好地组织信息和结果。或许还有第六条主干，可以画如何最好地汇报研究成果，扩大影响。

子分支要更细化地探讨主干上的内容。当你填写子分支的时候，迸发出的观点会让你感到惊喜——也许你自己并未意识到。

思维导图让你跳出固有的思维模式。你不用担心有时一些子分支上会空着，这样反而会激发你去创造性地思考答案，填充它们。

撰写年报

在第 71 页的例图中，你要面对的是撰写年度报告的艰巨任务。通过年报公布财务报表是一种法律义务，也是一次绝佳的机会来展示企业在过去一年的业务和成绩，从而吸引投资者和客户，让你所在的企业在市场中脱颖而出。

你可以画一幅代表公司愿景的缩略图作为中心图，让你时刻牢记。假设你的公司是有机果汁生产商，你可以画一个时髦的瓶子，周围环绕着水果（如书中的例图）。

现在构思一下年报的结构，为每一部分内容画一条主干。在画图的过程中，你可能会想到一些创新性的方案和不寻常的方法。例如，在网页版的年报中可以创建一条公司总裁介绍企业时的影像链接。在导图的第一条主干上画产业概况、公司面临的最新机遇和挑战。第二条画年报的下一个部分：概述公司经营目标，要强调财务指标，在设计上引领市场和提供优质的客户服务。

下一步画成绩——这一条主干非常重要，所以在设计思维导图的时候一定要突出新意。再画一条主干提醒自己需要包含的财务细节，画另一条主干探讨可能的结论。最后，用一两条主干画年报的整体设计创意（尤其是如果你的工作属于创意或时尚产业），如果年报属于一个需要展示的项目，还要画成果展示。

如果你身处学术界或教育界，你可以使用年报式的思维导图

撰写年度报告的思维导图

构建思维导图的规律

正如在斯里兰卡出生的迪利普·阿巴亚斯卡拉博士的故事中体现的那样，作为一款出色的计划和记忆工具，思维导图尤其适合被用在工作和教育领域，从而让我们的人生更有意义和乐趣。

如今，迪利普是一位受欢迎的专业演讲家、沟通训练师及作家，他的作品中有《精灵之路：探索你心愿的旅程》。他也曾任国际英文演讲协会主席，该协会是一家全球性的非营利教育机构，旨在训练个人成为高效的沟通者和领导者。但迪利普最开始的职业是科学家。一天在上班的路上，他听到了一段关于思维导图的磁带录音，并渴望更深入地学习。他讲述了自己的故事：

我开始做思维导图，并在第一次尝试中就发现了它的魔力。那时候我还是一位科学家。我在工作中运用思维导图，在实验室的笔记本上为研究报告列提纲、分析技术问题、发现样式、获得见解、整理数据。随着我逐渐用思维导图处理所有事务，我发现了思维导图潜在的应用可能性，这既令我兴奋，又让我解放了思维。我还发现，如果用思维导图来思考问题，思维会更加缜密！我对思维导图的力量感到非常兴奋，并把它教给我的妻子和两个孩子。

后来我换了工作，从一名科学家变成了一名演讲家、训练师、大学教授和牧师（这些都是我现在从事的职业）。我做的这些令人兴奋的工作都离不开的一项工具就是思维导图。

我已经教会数百名职业人员和牧师使用思维导图了。

我曾是（现在也还是）国际英文演讲协会的一员，我非常热衷于演讲，所以我会很自然地用思维导图来准备我的讲话。那些埋头苦思、一句一行地写稿子的日子已经一去不复返了。我不仅感受到准备稿子的过程更加有趣、想法更多、更省时间，而且能把导图记在脑子里，演讲的时候都没必要参考笔记。我记得有一天要去演讲协会开会，车程需要一个小时，在车上，我让未满13岁的女儿用思维导图构思一篇讲稿。根据我女儿的思维导图，我做了当晚的演讲。

如果有人怀疑自己的能力，感觉自己的思考不够智慧、缺乏创意，觉得思考的过程枯燥，我有一个建议——不要再拖着沉重的思维步伐走在人生道路上，跳上思维导图的魔毯吧！这是一个解放思维的工具，你将开启快乐的发现之旅，去探索思维的无限潜力，创造性地使用常常被认为是理所当然的——思维！

做讲座、完成报告或撰写论文。

在20分钟内让你的思维导图爆发，大脑要放松，思维要新鲜。

出色的项目管理

无论是组织大型会议、推出新的产品系列，还是推出校园演出，项目管理可能是一项复杂耗时的工作。它通常包含好几个阶段，从创意到计划、委托、分配资源，再到指导和产出结果。思维导图能够在项目管理的每个阶段提供有效的帮助。

为了确保思维导图有效，要用一张足够大的纸张包含需要采取的所有步骤，或者在需要的情况下使用迷你思维导图（见第四章）。在这个过程中，要时刻保持开放型思维，要考虑到每一处可能增加新的内容。确保项目中每个重要的任务或考虑都配有自己的主干。如果有亟待处理的任务，要用荧光笔画出相关枝干和图文，加以强调。一旦完成这些任务，要在这些地方标注完成符号。

在项目管理方面，思维导图的高级应用见第 82~83 页的例子，这幅导图是波兰企业家马雷克·卡斯佩斯基给学生们画的，图中主干包括目标、计划、任务、重大事件、质量、预算、日程、报告、资源、跟踪和结项。你可以选择和采用适合你项目的基本排序观点。

超级学霸：建立自己的知识体系

我认为应该教世界上所有的孩子使用思维导图，这是他们接受全面教育的基本权利之一。实践和研究已经证明，思维导图能够帮助儿童和各年龄段的学生提高专注力和理解能力，让他们更加容易记忆信息，更有信心准备考试。

跟所有的技能一样，如果想完美地掌握，越早开始练习越好。（想想那些从曼纽因音乐学校刚毕业的小提琴演奏者，逐渐成长为像奈吉尔·肯尼迪和妮寇拉·本内德蒂一样的超级明星。）我提过自己求学时是如何开启思维导图旅程的，如今我收到来自世界各地的教师和学生的故事，他们都发现了这个神奇的思维工具给他们带来的益处。

但也不要仅仅听信我的话……

修改

我还想说明的是，思维导图在辅助修改方面也是非常有效的，它能够把冗长的文本浓缩成容易理解的信息块。在接受教育的过程中，我们许多人都需要学习伟大作家和思想家的作品，还需要充分记忆关于他们的知识，以回答考试中的问题。在第一章中，我们以莎士比亚为例学习了如何画一幅思维导图。现在，我们以他最著名的作品之一——悲剧《麦克白》为例进行深入探讨。

有迷信的说法认为，《麦克白》是一部被诅咒的戏剧，而且演员觉得在剧场里讲这个名字也晦气。于是，他们用“苏格兰戏剧”这一委婉说法来代替。这部戏剧的核心就是主人公麦克白，一位因为私欲、野心和过度虚荣而陨落的战士。用思维导图来探讨麦克白的人物特点，可以画麦克白的简笔画作为中心图。我强调过，在画思维导图中的图像时，无论如何都不要因为自己的绘画技巧不好而担心，也不要感到拘束。

中心图只要是多彩的、有活力的，而且包含一定的主题，画一幅简单的草图与画一幅精细的绘画作品的效果就是一样的。

麦克白的一个主要特点就是他的野心，所以“野心”就被置于第一条主干上。这条主干画成箭头的形状代表他不断膨胀的欲望。剩余的主干分别画麦克白其他的主要特点，包括他在战场上的勇气、良心的煎熬，以及被野心吞噬、从英雄沦为禽兽的过程。

从主干画出子分支，比如麦克白的野心体现在他想做国王和建立自己的皇族血脉上。画出其他子分支，以戏剧中麦克白的所有行为体现他的主要特点——比如他的勇气如何变为恐惧，他如何昧着良心为自己的谋杀找正当的理由。

这幅完整的思维导图反映出麦克白从英雄到陨落的过程，也反映出他的覆亡对于这部戏剧的重要意义。请注意导图中的图像是如何捕捉麦克白多面的人物特点的，比如用锯齿状的轮廓画“狡诈”主干，用保险柜的轮廓画“勇气”主干。你在画自选主题的时候可以借鉴这样的创意。

构思论文

抛开乏味的、线性的构思方式，用一幅思维导图来构思你的论文。思维导图会针对你前期阶段的预期方法提供有用的概述，在你陷入困境之前，帮助你鉴别和处理任何论点中潜在的缺陷。

画一幅反映你论文主要观点的中心图，并从中心图画出主干，分别代表前言、主要论点和结论。添加一条主干代表你的研究过程，再加一条主干代表其他相关信息。还可以为任何与你的论文相关的重要文本或数字添加主干。使用子分支来代表那些贯穿你论文的小标题，并用连接箭头连接不同分支间相关联的标题。记忆群组也是一种组合重要标题的有效方式。自始至终一定要用标志和图像来调动脑力和想象力。

当你构建思维导图时，某些关键词和图像会突然变得像超新星一样，从主导图中凸显出来，并生成新的迷你思维导图。你要保持思维和选择的开放性，并跟随这些线索（另见第四章，关于使用迷你思维导图寻找解决方案）。

一旦你完成了思维导图的初稿并精炼了论点，填好了前言和结论部分的细节，你就会发现，以这幅初稿为基础，再画一幅“改进的”思维导图非常有效。在你写论文终稿时，可持续参考两幅思维导图，也可以调整一下你写论文的步骤，以便使思维导图发挥出色的修改辅助作用，如在第 78 页中探讨麦克白这一人物特征的例子。

适合所有年龄段的思维导图

有时人们会问我，思维导图是否能为所有年龄段的人带来好处。这个问题的答案是响亮的“是”！

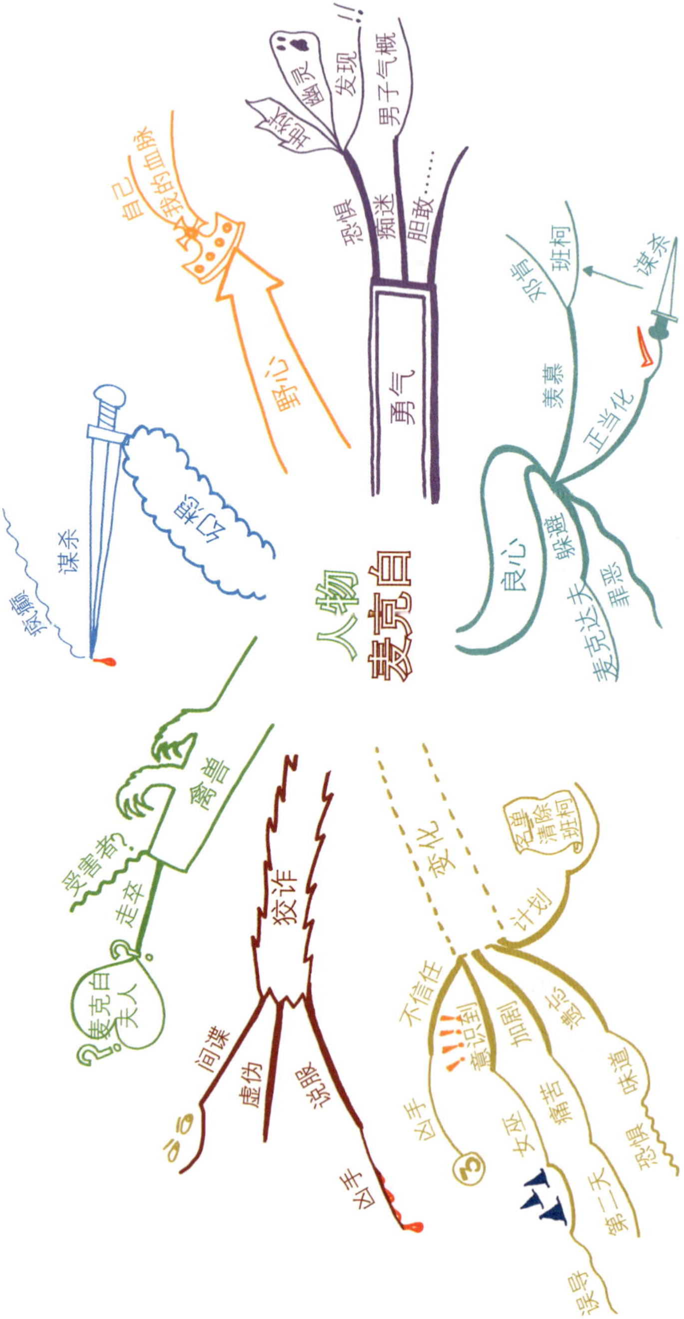
人物
麦克白
幻影
谋杀
疯癫
野心
自己
我的血脉
勇气
恐惧
痴迷
胆敢……
幽灵
发现
男子气概
良心
躲避
麦克达夫
罪恶
羡慕
正当化
邓肯
班柯
谋杀
变化
计划
名单
清除
班柯
不信任
意识到
加剧
忘记
味道
凶手
女巫
痛苦
恐惧
第二天
误导
狡诈
间谍
虚伪
说服
凶手
禽兽
受害者?
走卒
麦克白夫人

用思维导图复习：麦克白

思维导图技能的获得并不取决于年龄、性别、肤色或信仰——思维导图反映的是大脑的原始智力。

思维导图是思维内在活动的反映。如此来看，一个聪明而富有想象力的孩子与一名多年担任首席执行官的人一样，也能创造有用的思维导图。此外，所有儿童自带充满各种问题的“儿童工具箱”——为什么？怎么做？是什么？何时？何地？——它像抓钩一样连接着知识高峰。成年人在做思维导图时借鉴儿童的方法能做得更好！

让我们来回顾一下思维导图的构建规律（见第二章）。这些规律不强调专业性或经验性。在思维导图中，颜色、想象力和创造力的运用证实了绘画技能的自然发展。此外，思维导图是通过图像和单词而不是转折词组构成的，意味着思维导图能穿透行话、空话、套话，直达问题的核心，这种方式偶尔会让人想起小孩子说话的方式。

最后，思维导图依靠的是发散性思维，而不是演绎和还原。作为一种开放性的思维工具，思维导图映射出大脑活动的过程，而不是专注于结论和结果。

培育想法的花园

马雷克·卡斯佩斯基是一位波兰企业家、*Synapsia* 杂志网络编辑、讲师。他解释了思维导图如何贯穿于他的教学法当中，而他的思维导图中蕴含的细节可被纳入思维导图的高级应用。他说：

一幅思维导图就像一座花园，个人的想法可以在这座花园里生长、开花，其他看到导图的人也能有所启发。作为一名高校的讲师，我经常要向拥有不同能力的学生解释复杂的概念。思维导图不仅能帮助学生们理解这些概念，而且更容易让他们修正错误并记住要点。思维导图能激发学生的想象力，让他们开启一段旅程，发现新的可探索的领域。我鼓励学生们在课堂上画思维导图，这样他们经常会提出可能在其他情况下考虑不到的问题，从而有益于整个课堂。

我为自己课程画的思维导图形式多样，小到一个概念的导图，大到整个课题的导图。我发现遵循思维导图构图规律非常重要。我的学生们，尤其是那些以英语为第二语言的学生，对图像的反馈非常好，因为图像是全球通用的语言。在思维导图中使用颜色也非常重要：颜色既能增添趣味，又能帮助学生们集中注意力在每条分支上，并分析分支所承载的信息。我鼓励学生们多用图像，少用文字，或者用图文结合的形式。我的思维导图中讨论的许多概念在导图内相互连接——这样做有很大好处，因为想法编织在一起就能构成一幅大图。

你想知道什么？

我对终身学习的理念深信不疑。你是否曾忍不住想学习一门新课程，或掌握一项新技能？

无论年龄大小、现状如何，你完全有权利去锻炼大脑，让自己进步——让你掌控人生，保持强大的脑力。如果你想培养一项才能或者加深对一个主题的理解，我现在鼓励你用思维导图去探讨。

你对什么主题感兴趣？用这个主题作为中心图的基础——中心图要多彩、富有想象力、有启发性。要在主干上画什么，请按照下面的这些问题来决定：

- 学习这个主题能给你带来什么好处？
- 你需要什么形式的学习辅助？
- 你在哪里学习？
- 你的主题与社会有什么关系？
- 你期望通过学习取得什么样的结果？资格？技能？丰富履历？
- 有哪些考虑或阻碍？如何应对它们？

画出子分支，更详细地审视这些问题和相关要点，并且自始至终要用图像和标志让导图焕发活力。当你完成的时候，好好看一看。根据你的发现，接下来你要采取什么步骤？

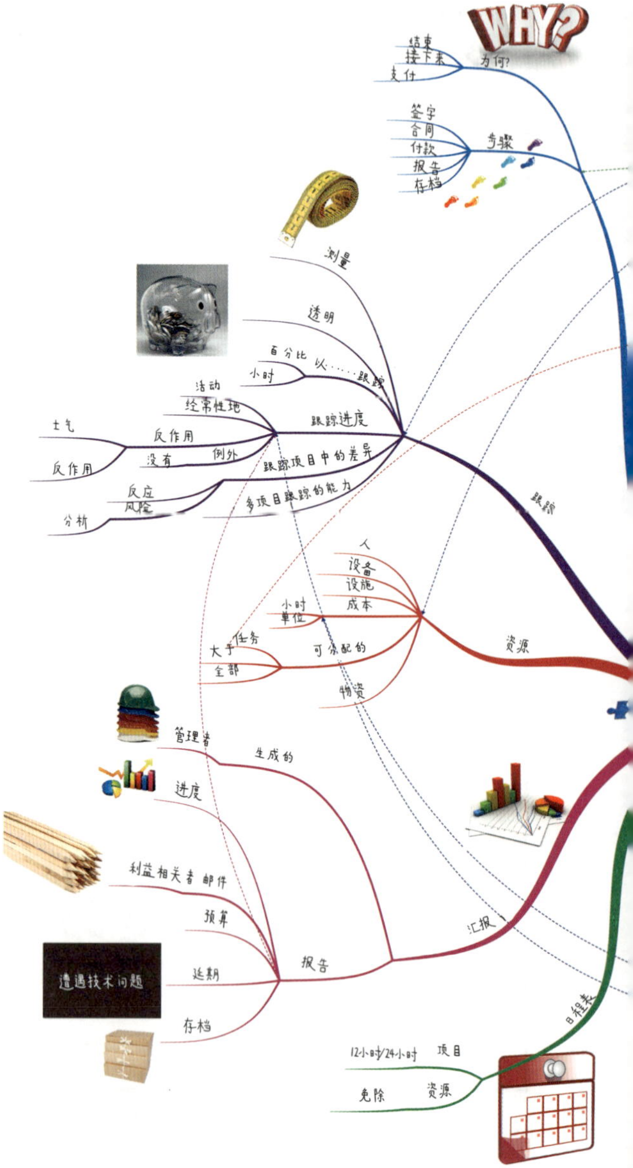
WHY?
为何?
结束
接下来
支付
步骤
签字
合同
付款
报告
存档
测量
透明
百分比
以……跟踪
小时
活动
经常性地
跟踪进度
士气
反作用
反作用
没有
例外
跟踪项目中的差异
反应
风险
分析
多项目跟踪的能力
跟踪
人
设备
设施
成本
小时
单位
大于
任务
全部
可分配的
物资
资源
管理者
生成的
进度
利益相关者 邮件
预算
遭遇技术问题
延期
存档
报告
汇报
12小时/24小时
项目
免除
资源
日程表

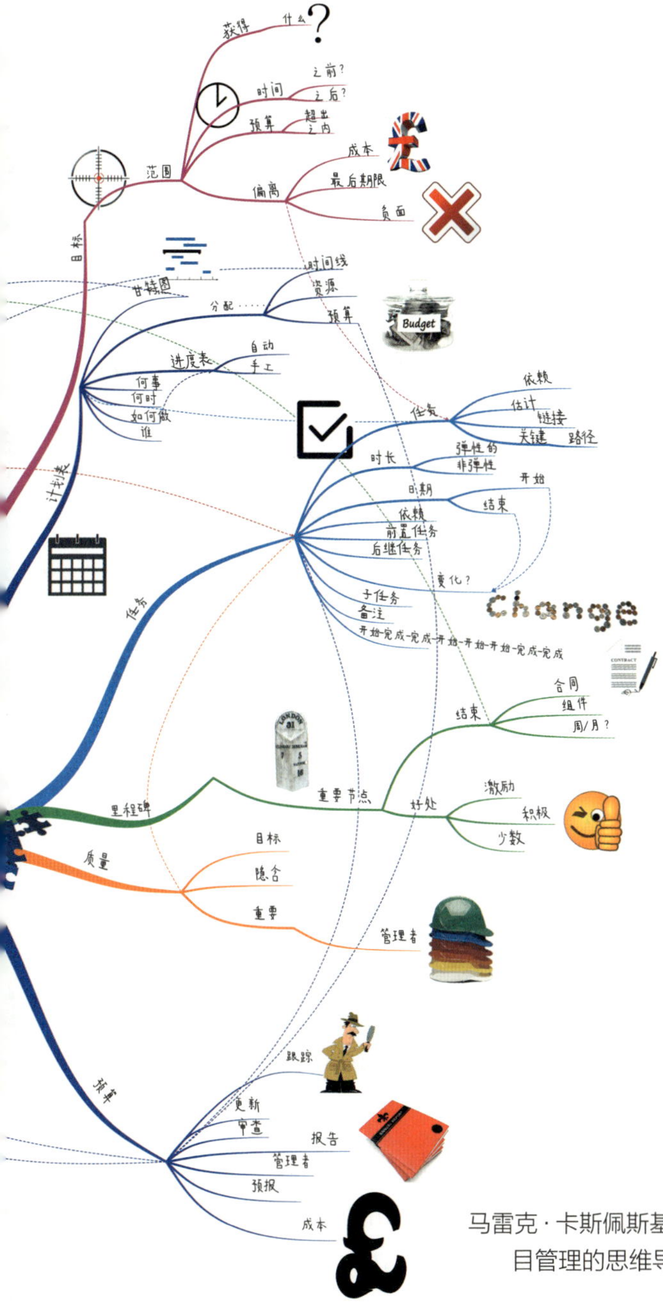

马雷克·卡斯佩斯基关于项目管理的思维导图

创意高手：打造丰富的幸福体验

创造力如同个人发展的金蛋：我们都想更具创造力，但是要如何爬上豌豆茎，获得创造力的“金蛋”，并把它带入我们的现实生活中呢？在成长的过程中，我们听到过太多诋毁创造力的神话故事：有的说具有创造力的人标新立异、不靠谱、有勇无谋，对他自己和其他人都是危险；有的说他们特立独行，脱离社会。如果这样的话，不出意外，我们或许不能正确地认识自身的创造力。

用一种更加平衡的、富有成效的方法能够认识到创造性人格的诸多益处：他们倾向于成为先驱者、突破界限者、发明者和明智的冒险者。他们通常具有原创力、有韧劲儿、有专注力、富有趣味、有紧迫感、有梦想。他们有童心，但不幼稚。

创造性思维并非天才的专属，它是一种用最原始的方式思考并打破常规的能力。你的创造力就像肌肉，越锻炼就越强大。当创造性思维实践得越多时：

- 你就越容易想到新的创意
- 你就越能够接受新的观点
- 你的观点就越具有原创性

创造力与玩耍息息相关，玩耍是人生的另一项重要组成部分——是学习、发现、放松、幸福和产出的关键。无论是野生的还是饲养的鸟类和哺乳动物都会玩耍，还有一些鱼类、爬行类动物，甚至是昆虫也会玩耍。在幼年时期，玩耍改变前额皮质的神经元网络，并改善大脑的执行控制中心功能，这项功能主要负责管理情绪、制订计划和解决问题。玩耍使大脑细胞和神经树突之间形成连接，从而在幼儿的大脑中建立连接网络——或者换句话说，正如我们在第一章中讨论过的，建立儿童的内在思维导图。

幸运的话，我们的工作有时也可以像玩耍；如果没那么幸运，我们就要找到方法，把玩耍的元素引入我们的生活。我们学习了如何使用思维导图来选择一门新的学习课程或掌握一项新的技能，也可以简单地借用这个技巧来找到一个爱好或一项喜欢的运动。它也可以帮助你找寻最有益的放松方式来充分利用你的闲暇时光。

告诉我，你打算用你那疯狂而宝贵的生命做什么？
——玛丽·奥利弗，《夏日》

有句话说，“没有一个人会在临终前说，‘我希望能多花点儿时间在工作上’”；我敢肯定也没有人临终前会说希望多花点儿时间看电视。用美国诗人玛丽·奥利弗的话说，我们只有“一次疯狂而宝贵的生命”，所以无论如何要用思维导图来充分利用你的时间，为你带来满足感和充实感。

如果你感到自己时时刻刻都在忙碌，一幅思维导图能帮你规划一天的时间，并确定你究竟想花时间来做什么。无论你是决定上夜校学一门新课程，还是利用周末时间去锻炼，选择权在你手上。

因为这样一幅思维导图的目的是释放你自己，表现创造力，所以在使用图像方面要尽可能地别出心裁。第 87 页的例图中充满了启发性的图像，如丝带环扣的闹钟代表时间是你给予自己的恩赐，还有代表目标的图像，如做更多的绘画、远足和旅行。

通过思维导图，你不仅可以确定自己究竟在业余时间想做什么，而且可以确定在什么时间做：有些活动是你可以在午饭时间，甚至是通勤的时候做的，而其他一些活动适合在工作日的晚上或是周末做。也许你希望休一个长假，比如去非洲或印度旅行。如果是这样，把它画进你的思维导图！只有认定了目标，才有可能去实现。

创造力当然可以有许多表现形式——从在西斯廷教堂穹顶绘画到准备一顿美味的午餐，从写书到举办宴会，从谱写交响乐到演奏六孔小笛。无论是哪种形式，思维导图都有助于创造力的表现。

快乐人生：做自己的健康教练

生理健康和精神活动正相关，这点已被证实。如今，游说团体积极倡议，让政府在制定政策时考虑两者之间的联系，因为游说团体认为生理健康和心理健康不应当被分开看待。

我一直喜欢体育活动，如赛艇和跑步，我也坚定地相信，为

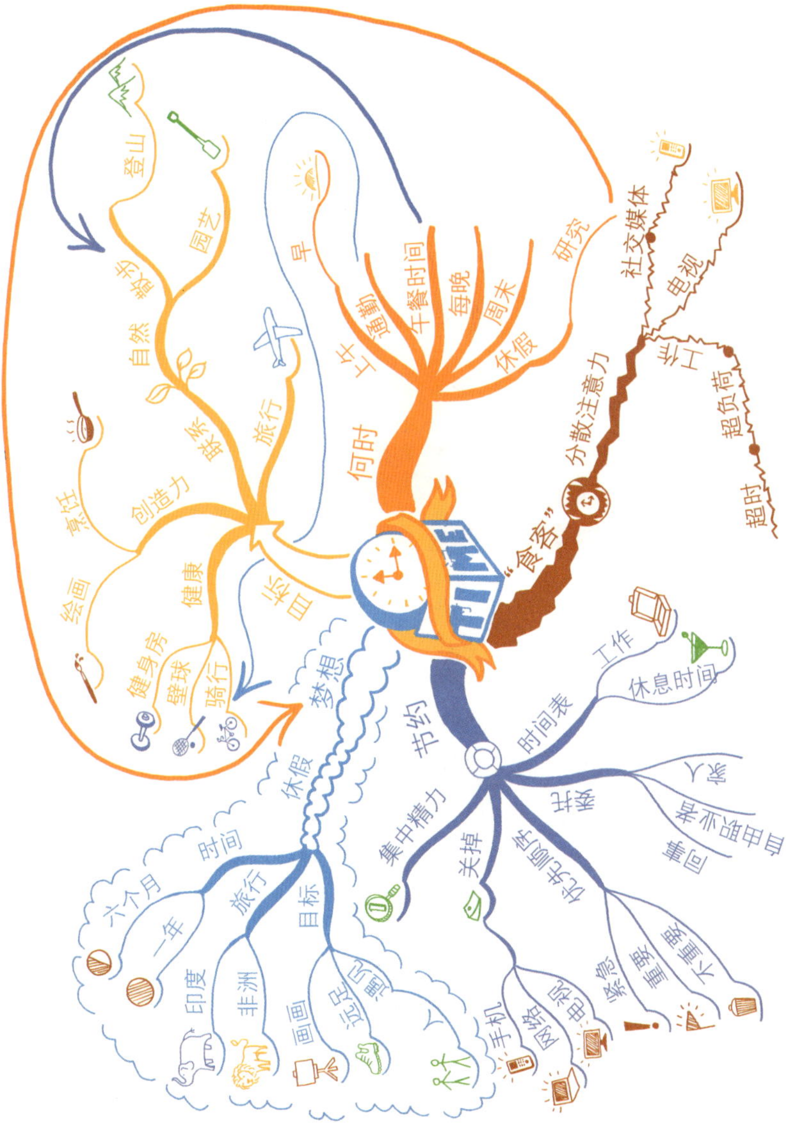

充分利用业余时间的思维导图

了使脑力活跃，你应该关注自己的生理健康。我相信反过来亦是如此：不健康的脑力活动会有害于生理健康，甚至使一些情况更糟糕。

五次奥运会金牌获得者史蒂夫·雷德格雷夫爵士对身、脑之间联系的理解非常成熟。他强调，脑力对于取得任何体育成绩都非常重要，他还表示："当你在参加高水平竞赛时，你的脑力必须非常强大。"他也坚定地支持我和思维导图实践者们的工作，并说：

> **"真正完整地明白脑力对运动员重要性的人，我遇到的很少，东尼·博赞是其中之一。"**

获得全面健康

现如今我们明白，想要拥有很棒的身体素质，不仅要加强锻炼、严格控制饮食，而且要注意全面的健康，包括摄入充足的营养、保证充分的睡眠、减缓压力和做快乐的事。好消息是你不必再花钱雇私人训练师或生活方式教练，来帮助你，使你感觉很棒或看起来很棒，反而可以用思维导图建立个人全面健康计划。你画出的图像要激发你的活力和健康。在主干上要画有益于你身心健康的重要方面——第 93 页的例图中画了营养、锻炼、减压、睡眠和快乐，但你也可以选择画稍有不同的其他方面。画子分支的时候，要考虑哪些因素有助于你的身心健康，而哪些会阻碍健康，

创造力训练

在第一章，我解释了发散性思维的概念，并向你介绍了人类语言。我们发现每个人——包括你和我——从出生起就掌握了联系和想象两项能力。现在我想请你做一个小游戏。

多年来，在教授思维导图和提高记忆技巧时，我已经用过这项训练的若干个版本，而且我饶有兴致地发现，已故英国诗人泰德·休斯同期也研发了一项类似的训练，来教导学生如何创作诗歌。这项训练能展示存在于我们每个人身体里的创造性。在你开始之前，请在手头准备一本词典。

- 随意挑选一个物体。可以是你在房间里看到的东西，或者是你随意想到的东西。
- 闭上眼睛，翻开词典并把手指停留在某一页上。
- 现在，睁开眼并记录你指到的单词。
- 再重复做 9 次，每次都要随机翻开词典，直到你记录下 10 个不同的单词。
- 最后在你挑选的物体和这 10 个单词之间思考尽可能多的关联。

如果一开始你觉得有点儿难，继续努力，我保证你会找到关联的——无论这关联看起来有多奇怪！

大约 20 分钟以后，通读你写出的关联。

非常有创造性，不是吗？

如何有创造性地生活

菲尔·钱伯斯是一位世界思维导图锦标赛冠军、世界脑力运动组委会首席仲裁员、成功商人，以及《如何训练你的记忆力》的作者。他讲述了思维导图如何帮助他在过去30年里提高创造性思维的能力：

中学时期，我用思维导图复习考试。那时候，思维导图对于我来说仅仅是蜘蛛网图，有丰富的色彩，但缺乏结构性，还用了短语，但是它们还是比列表有用得多。大学时期，我的导图结构得到了改进，在我寝室的墙上有大大的一幅思维导图。

我现在用思维导图来构思写作。在打字之前先思考清楚要说什么是十分有意义的。把构思和写作的过程分开，就没有太多需要改动的地方了，也能完成更有连贯性的文章。这在我写书的过程中尤其重要。

作为一位教员，我工作的很大一部分是创作展示。为了做好准备，我会对不同的主题、行为和概念的流动制作思维导图。这样做可以让我制作合适的幻灯片，我还可以把这些思维导图作为插图，指导学生学习。

忙碌生活的一个主要问题就是如何规划时间，而思维导图是解决这个问题的完美工具，从短的日常时间规划到长的月度时间规划。我喜欢在桌边放一幅思维导图和一支荧光笔，一旦完成一项任务，就可以划掉它。

因为思维导图也可以做艺术品，所以我喜欢把它们当作生日礼物和圣诞贺卡送出去。每年选一首圣诞歌曲并根据歌词画一幅卡通思维导图，里面包含幽默元素和图像，已经成了我的惯例。你从下面的思维导图可以看出来，它在我大部分的人生当中是多么重要。

钱伯斯关于思维导图使用的思维导图

你将会发现一些活动是如何从不同方面对你有益的。锻炼可能不仅是全面发展的目标之一，还是保证更多睡眠和减压的一种方式，反过来也能增加快乐。根据我的经验，心理健康和生理健康密不可分。

你在思维导图上做得越多，它就会越多地向你表达，并提供你需要的所有指导！

让思维导图成为你的首席私人教练！

吃得健康

一幅更有针对性的思维导图可以用来讨论营养，以确保健康的饮食，平衡所有主要的食物种类（碳水化合物、蛋白质、奶制品、水果和蔬菜，以及脂肪和糖）。

你可以用思维导图做每周膳食计划，使用个人周计划思维导图聚焦于食物而不是活动。可以在子分支上列出每日正餐，在下一级分支上详细列明每顿正餐的食材及营养价值。如果每周开始前都画好健康饮食的思维导图，你将为自己提供更便捷的购物清单。

如果你想让自己的日常饮食包含更多的维生素和矿物质，就要更加密切地关注细节，在思维导图里列出这些维生素和矿物质，并列出包含它们的食材。主要维生素的食材来源通常不太引人关注，所以我将在下表中列出。

获得全面健康的思维导图

维生素 / 矿物质	食材来源
维生素 A	奶酪、蛋、多脂鱼、牛奶和酸奶、肝和肝酱
B 族维生素	豌豆、水果、蛋、肉、蔬菜
叶酸	西兰花、菠菜、芦笋、豌豆、鹰嘴豆
维生素 C	柑橘类水果、青椒和红椒、草莓、土豆
维生素 D	多脂鱼、红肉、肝、蛋黄
维生素 E	种子和坚果、橄榄油、小麦胚芽
维生素 K	绿叶蔬菜、植物油、谷类
钙	牛奶、绿叶蔬菜、豆腐、大豆、坚果
碘	鱼、贝类
铁	肉、豆类、坚果、深绿色蔬菜

一旦确定了中心图（可以是一个贴着“V&M”[①]标签的瓶子，或者如果你喜欢画人像，可以画一个健康的人形），为每种主要的维生素和矿物质种类画主干，然后在子分支上画出漂亮的标志和图像，也可以用记忆群组将它们组在一起。使用连接箭头强调不同群组之间的联系，然后把你精心设计的思维导图框起来挂在墙上作为指南和鼓舞，让你保持平衡而丰富的饮食。

① V&M 是维生素（vitamins）和矿物质（minerals）的首字母缩写组合。——编者注

记忆大师：充分挖掘大脑潜能

正如我讲过的，我最初发明思维导图是将它作为一项记忆工具，并且它一直是记忆大量信息最强大的工具之一。本章中讲到的每一个思维导图的用法都能以某种方式增强你的记忆力，比如通过记忆文本中的关键点来复习考试或写论文，记住下周需要完成的所有事情，以及提醒你自己去锻炼，并且吃得健康。

我们也看到关联在思维导图构建过程中的重要性：与想象力共同作用，关联促生并浇灌出思维导图的分支，让它们自然地从中心图伸展出来。除此之外，关联也是开启思维的一把钥匙。

1969 年，美国认知科学家艾伦 · M. 柯林斯和 M. 罗斯 · 奎利安测试了如何组织记忆以获得高效的索引，让我们能够瞬时获取大脑记忆的信息。他们发现我们的语义记忆（即我们通过逻辑和语言认知世界的方式）的组织方式像图书馆，有着相互关联的分类，或表示具体特点 / 概念的节点，这些节点也相互连接。

我们的个人经历塑造了这些连接，这意味着每个人都有各自的关联网络，比如“鸟”连接着“飞行”，还连接着“天空”。思维导图与这个连接过程是一致的，选取主题后，通过想象和关联可以连接起所有相关的事物。

因为语义网络的个人化属性，思维导图必然是个人化的创作：为了从一幅思维导图中获得最大效果，并提高对当中信息的记忆效率，你必须自己创作思维导图，而不是依靠别人画的导图。这也是为什么我个人倾向于手绘思维导图而不是使用数字化的导图，尽管数字化的版本也很有用。因为别人关联和连接信息的方式可能与你有所不同，所以你在理解别人的思维导图时可能会遇到点儿困难，而这点儿困难就让这幅思维导图对你的帮助大打折扣。

当我们尝试去复习和记忆信息时，问题经常出现在短时记忆上，因为短时记忆是新信息被转移到长期记忆之前，最初被存储的地方。本章已提到，通过心理学家乔治·阿米蒂奇·米勒的发现，我们了解到短时记忆只能保留大约七条信息。如果我们想把信息保留在长期记忆中，信息必须要反复重现后才能转化成功，这也是为什么临考试之前的填鸭式学习非常困难：要想有效地记忆信息，必须以某种方式对信息进行核对和连接。当然在这里，思维导图中的记忆群组能够发挥作用，帮助记忆信息。

真正地画一幅思维导图更能够帮助你记忆其中的信息，使你能够重现和回想起画图的过程。通过使用颜色和图像，思维导图能够激活大脑思维，并将信息铭刻在记忆当中。

如果你希望能准确地回忆思维导图中的信息，我建议你花些时间仔细地研究并复习其中的连接、图像和分支。你做得越多，信息就记得越准确。

从筹办一次聚会到挽回一段感情，记忆诗歌或精心制作专业的展示，思维导图通过拆解一项任务、一篇文本或一种情形，使

由心而发，胡话连篇

爱德华·里尔是英国画家、作家，其显著成就之一就是他是维多利亚女王的绘画老师。他还创作了一些精彩的荒诞诗，至今最为人们所铭记的作品莫过于《猫头鹰和猫咪》。

我们现在就不详述猫头鹰和猫咪的故事了。我请大家来读下面一首里尔的五行打油诗：

有一位老人说："安静！
我看到一只小鸟在灌木丛中！"
其他人问："它是不是很小？"
他答道："一点儿也不小！
它的大小比得过四个灌木丛！"

现在为这首打油诗画一幅思维导图，包含诗中的图像。

画完导图以后，再研究 5～10 分钟，或者直到你记住上面所有的信息为止。把它放到一边。

重新取一张白纸，回想并写出这首打油诗。看你做得如何？

如果你喜欢这样的练习，可以选一首更长的诗来画思维导图。在你理解它之前，就能把整首诗歌记在脑子里！

事情易于管理。思维导图突出连接性，并通过寻找方案、记忆细节、产出结果来调动大脑积极参与这一过程，而不是被动地接收信息。

然而，一些看似是思维导图而实际上并非思维导图的情况时有发生。你如何才能辨别真假思维导图？这个问题的答案可以在下一章找到。

03

第三章

如何识别真假思维导图？

本章将澄清围绕思维导图的一些误解，通过解释为何伪思维导图的有效性远不如遵循规律的思维导图，从而避免张冠李戴的情况。本章将提供实用的技巧来构建真正的思维导图，并且指导你辨别伪思维导图。

谬见和误解：关于思维的本质

思维导图自20世纪五六十年代被发明以来，一直帮助着全世界的人们——直到今天仍在改变着人们的生活。这是我梦寐以求的最大收获，思维导图的全球影响力和吸引力让我欢欣鼓舞。通过发掘我们天生的人类语言，运用想象和联系这两股力量，思维导图成为跨越文化差异的思维工具。

随着思维导图的普及，几十年来围绕思维导图也出现过各式各样的谬见和误解，这或许并不奇怪。每当我遇到一些十分常见的误解，比如有人误以为思维导图和蜘蛛网图是同一个东西时，我的心情就很沉重。

更何况，若混淆了思维导图和其他图表，如概念图、金字塔图，就可能破坏思维导图的完整性，也就意味着一些人或许无法领会思维导图的力量，也体会不到思维导图的全部潜能，这才是真正的危机。同样地，一些自称是思维导图专家的人，自己都没有经过良好的培训就来教授他人，每当我看到有人被他们带上歧途，就会感到沮丧。

让我们剔除糟粕，取其精华，澄清谬见，辨别真假思维导图。

在第一章和第二章，我们简单地回顾了思维导图与视觉思维发展的关系史，也通过石器时代的祖先留下的精妙壁画发现了思维导图的起源。我们谈到了如古希腊等文明中先驱者的实践，还涉及如查尔斯·达尔文等天才的成就——他们用图解的方式进行思考。

不幸的是，如今有些人误把“相似”当作“相同”，并且把思维导图的起源归功于腓尼基哲学家波菲利。作为一名新柏拉图主义者，波菲利把亚里士多德的思想表述为一幅树状图，这幅树状图与犹太教神秘哲学中的卡巴拉生命树并无二致。波菲利的树状图（见第一章）中并没有中心图，也没有图解，文字按照相连的路径有序地分布在各自的圆框当中，其思路并非像思维导图中的那样发散。

同样地，我也遇到过有人认为是列奥纳多·达·芬奇发明了思维导图。这或许也不奇怪：毕竟这位先驱者的思想远远超越他所在的时代，比如他设计的机翼和人力“扑翼飞机”等奇怪装置的草图，直到400年后的1903年，怀特兄弟才成功地让人类第一架动力飞机飞上天。达·芬奇在笔记中结合了文字和图像，这点的确有助于我早期对于人类思维本质的研究。但是，这位伟大的艺术家和思想家并没有在他的图中有计划地使用颜色，而这点正如我们所看到的那样，在思维导图中是一个关键要素。

另外，还有些人把思维导图的发明归功于艾萨克·牛顿爵士，这位英国科学家通过观察苹果从树上落下而发现了地心引力。这位卓越的科学家使用了有趣的概念图来组织自己的思路，但这些图也是单一颜色的，而且形状如同一棵向上生长的树，而不是像星爆一样向外发散，这点也不符合思维导图辐射在纸面上的特点。然而，像达·芬奇和牛顿这些天才的思想是永恒的，把数世纪之前的图解与当代的思维导图混淆，就像是错把前轮大、后轮小的脚踏车当作增强动力的摩托车！

5 种盛行的伪思维导图

思维导图的初学者，以及还未掌握思维导图构建规律（见第二章）的人，最初可能觉得自己画的图从表面上看跟思维导图一样，但实际上是完全不同的图解，比如蜘蛛图、金字塔图、概念图、鱼骨图或旭日图。

蜘蛛图

像思维导图一样，蜘蛛图（见第 104 页）可用于为文章列提纲和组织思考。蜘蛛图的布局通常是高度结构化的，并由中心观点伸出“蜘蛛腿”。然而，蜘蛛图并不使用颜色且很少使用图像，这点与思维导图不同。蜘蛛图的“腿”形分支通常是线性而细长的，而不是自然伸展、粗细各异的。

金字塔图

金字塔图与蜘蛛图相似，但是更强调层级。蜘蛛图或思维导图的主要观点体现在图的中心，而金字塔图的核心观点体现在图形顶部，与之相关联的观点按一定顺序在下方罗列。这意味着人眼倾向于由上而下单向地、死板地、线性地观察页面，而不是自由地观察，以激发大脑产生新的联系和见解。

金字塔图

概念图

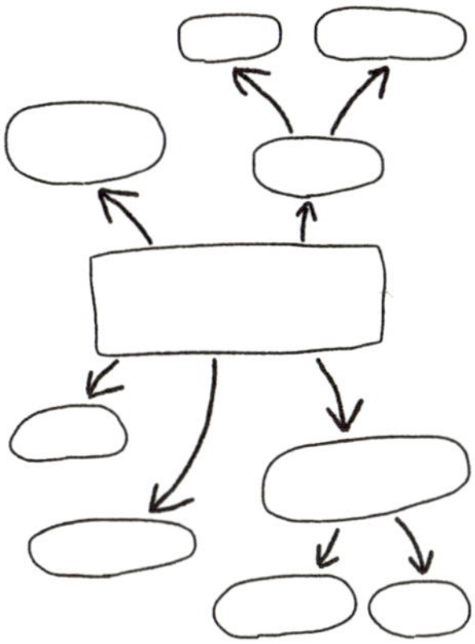

概念图

概念图通过写有单词和短语的方框或圈的形式来呈现观点和信息。与金字塔图相似，这些图文单元与下一级分支的层级结构相连接，意味着观察概念图的方式是从高级到低级的，这种方式本身是有局限性的。分支间的连接箭头通常有标注，这点与思维导图的分支相似。然而，概念图箭头上的标注有时采用的是短语而不是单词，从而无法发挥单个关键词的作用。此外，概念图不具备多彩和多图的特点，使其不具备如思维导图一般的视觉冲击力和对大脑的吸引力。概念图通常可用作教学工具，呈现需要死记硬背的信息，而思维导图可用于头脑风暴、制定新战略及许多其他创造性的脑力活动。

鱼骨图

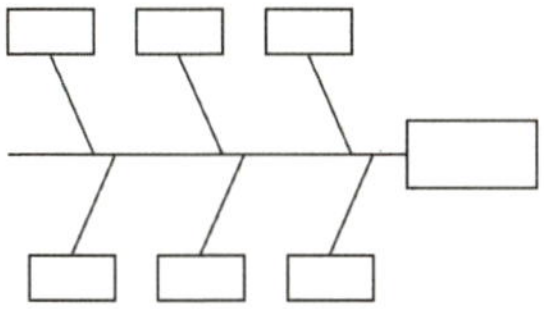

鱼骨图

鱼骨图又名石川图，在20世纪60年代由日本组织理论学家石川馨发明并普及盛行，因其外观如鱼骨而得名。图中的每条“鱼骨”都代表特定的考虑因素，其累积效应位于“鱼头”处，意味着鱼骨图通

把“腿”还给蜘蛛

请观察下面的这幅蜘蛛图：

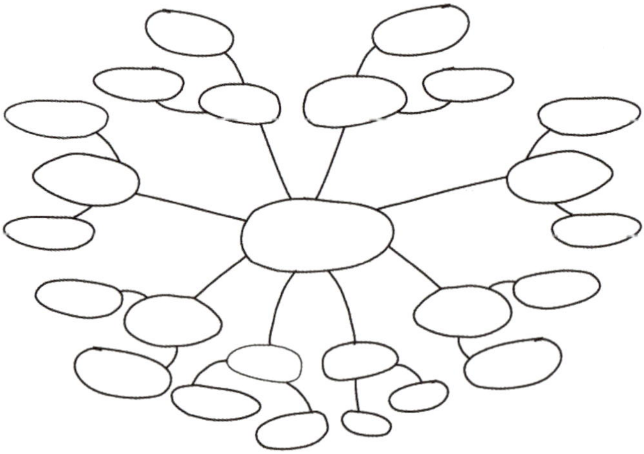

现在请翻回到第一章“如何构建思维导图”的部分，重读构建导图的七个步骤。

当你准备就绪后，参考上面的模板，尝试画一幅蜘蛛图，再针对同样的信息画一幅思维导图。

画完以后，比较两幅图。

看一看哪幅图更惹人注目、更有吸引力、更令人难忘？

为什么呢？请看第二章中思维导图的构建规律。看看这些规律是如何促使思维导图比蜘蛛图更具有视觉吸引力的。

常要从左向右阅读。(如果你在日本，就是从右向左读！)鱼骨图是线性、单色的，并且强调的是因果关系，而不是调动想象力和联想力来激发大脑思考。

旭日图

旭日图又名环形图、多级饼图、带状图或径面树图，是紧凑的同心圆结构，这些环代表着不同层级的数据。每一环又被分成不同种类或分段，通常用不同的颜色表示。旭日图没有使用图像。尽管它比较适用于汇总数据，但是可能较难理解，并不是适合激发创造性思维的工具。

旭日图

聪明的大脑如何思考

现在你知道了什么是真，什么是假！一旦忽视了思维导图的构建规律，画出的图很可能是单调的，缺乏组织性、清晰性，且易造成混淆；或者，你可能会看到一幅图表面上与思维导图相似，但实际上是完全不同的。

概括地说，思维导图比其他种类的可视化工具更能够发挥创造性思维的作用。尽管画思维导图有关键步骤和基本要素，但导图中的每幅图像都是独一无二的：不存在正式的图示法，思维导图也没有严格意义上的“对或错”，但比如饼状图就可能存在数学上的错误。

思维导图一般不涉及步骤、体系或进程，但仍富有动感，并具有自身的逻辑。有人诟病思维导图不合逻辑，因为思维导图不以列表、行列和数字为基础——没有什么比这更离谱了。思维导图在一定层面上是极具逻辑性的思维工具，因为思维导图中的事物只有通过关联性才能连接其他的元素，意味着两者之间存在天然的因果关系。要知道，逻辑是通过适当的关联而取得合理结论的思维方式。

另外，除了表达信息，画思维导图会刺激大脑、激活记忆。它是每个构图者的思维和想法的表现。

思维导图使用颜色、图像和视觉连接是非正式且自然的——对于发挥适当作用至关重要。

思维导图本身可以成为一件相当漂亮的作品。我看到过的一些思维导图真的令我吃惊，如第 108 页的范例来自中国的构图者。这幅导图的创作者连瑞庭曾是一名商人，如今是一位成功的生活教练、演讲者、大学导师，以及思维导图大师。

要检验你看到的是不是真正的思维导图，请考虑以下几个方面：

- 导图有没有清晰的中心观点？
- 导图有没有清晰的中心图来表达中心观点？
- 导图是否由中心向外辐射？
- 每条分支上是否只有一个词？
- 导图是否有图像？
- 全图是否使用颜色？
- 整幅图是否清晰明了？
- 导图看起来是否自然地、有机地伸展？
- 导图是否具有高度的视觉吸引力？

如果以上这些问题有任何一个的答案是否定的，那你看到的就不是真正的思维导图。

仔细观察这幅精彩的思维导图。你看到了什么图像？你觉得这幅导图在讲什么？你注意到中心词下方的电脑屏幕了吗？连瑞庭的思维导图将大脑比作“脖子上的电脑”，而每条分支讨论了一条思维导图的构建规律，比如用颜色、多维和联系。这真是一幅思维导图的杰作，我非常喜欢！

连瑞庭的思维导图将大脑比作“脖子上的电脑”

假设失去了构建规律

一边通读第二章中提到的构建规律，一边看一幅你画的思维导图。

- 假设你的导图没有中心图，就没有了大脑与心脏。
- 假设你的导图没有颜色，想想它所失去的魅力。
- 假设你的导图只用直线，想想它的刻板和失去的吸引力。
- 假设你的导图没有图像，就没有了生命力。
- 假设你的导图的每条分支上不只有一个单词，想象一下它该有多笨拙。
- 假设你的导图的分支和关键词长短不一，想象一下它的结构该有多松散。

现在设想一下移除所有构建规律后累积的劣势——那将是一种多么没有规矩、混乱、破碎的情形……

随着时间和实践的积累，你画的思维导图将形成自己独特的风格。

那真是一件值得庆祝的事情！

04

第四章

给所有学习者的忠告

在你思维导图旅程的某一阶段，你可能感觉思维导图对你就是不起作用。请不要放弃！本章将介绍你需要的所有解决方案，包括如何问对的问题，如何处理杂乱无章的页面，以及为何要让思维导图中的重复作为你的向导。本章将证明思维导图总是能够帮助你找到正确的路——你要做的就是坚持。

坚持就是胜利

通过发挥关联力和想象力，及其内在的逻辑性，思维导图的构建规律成了良好思维的体现。正如一幅思维导图的分支延伸到新的区域一样，思维导图的构建规律也有着无限的应用方式。它们就像一幅地图一样指引着你，像防护网一样保护着你，所以每当你需要鼓励或安心的时候，就可以求助于它们。

若你在思维导图的旅程中遇到障碍，不要气馁。记住你已经到达了这段旅途中的一个关键阶段。你遇到的困难仅仅意味着你将思维导图实践提升到了一个新的层面。每当遇到明显的阻碍时，若你能坚持勇敢地面对，并完成本书中的所有练习，当你读完本书时，你就能够很好地掌握思维导图。

如果你遇到了困难，比如到达思维导图旅程的某一节点时，那么你需要重新厘清自己构建思维导图的方法和思考的方法。比如，去复习第三章的“什么不是思维导图”的内容就会受益良多。我曾遇到许多人声称在自己构建思维导图时遇到了困难，事实上他们根本不是在画思维导图，而是在画蜘蛛图。他们有时忘记了用颜色和关键词的重要意义。

通常引发问题的并不是思维导图本身，而是人们对它的恐惧。恐惧是最大的脑力杀手。若你发现自己在汹涌海浪中的一条船上，你就会抓紧绳索，握牢船舵，控制方向；同样地，若你发现自己在画思维导图时遇到了困难，就要牢牢地掌握思维导图的构建规律。

好好看一看一幅似乎对你没什么作用的思维导图。现在翻回到第二章“思维导图的构建规律”，再认真阅读。

假设你的思维导图是一辆赛车：在比赛的过程中，你要开进维修站进行力学检验和车辆检修，以保证安全上路。同样地，要努力修缮你的思维导图，持续确保它是按照规律构建的。

如果你碰上可能会比较棘手的思维导图，就在面前放一份思维导图构建规律的副本，在检查思维导图更细微的内容时参考。

- 你是否在一张横向放置、没有横线且至少 A4 大小的纸张上画图？
- 中心图是否位于纸张中央，且至少用三种颜色描绘？
- 中心图是否有吸引力？
- 如果中心图包含一个词，这个词是否有 3D 效果，或者进行了有趣的排版？
- 主干是否涂了不同的颜色？
- 每条分支上是否仅有一个词？
- 主干是否延伸出适量的子分支？
- 是否自始至终使用图像？

如果以上这些问题中有任何一个的答案是否定的，你就严格按照构建规律另画一幅思维导图。十有八九你将得到更好的结果。

一幅思维导图若曾有用，那就一直有用。

学会提出好问题

若要得到好的结果，提出好的问题至关重要。提出正确的问题就像从你好奇与智慧的箭袋中抽取一支箭，并把箭头瞄准了靶心。

每当你画思维导图的时候，你要考虑你要应对的问题或话题。一个好的问题或话题将会：

- 激活关联力和想象力
- 是开放式的，允许审议和评价；而不是封闭式的“是或否”的答案
- 激励批判性思维和分析性思维
- 清晰明了
- 挑战惯性思维
- 刺激突破性思维
- 在内容（何人？何事？何时？）和过程（如何做？为何？）之间取得平衡
- 激发积极的反应

欠缺考虑的问题只会导致有缺陷的答案。为避免答案产生歧义，要保证中心问题简短、清楚、准确。当你开始思考一幅思维导图的主题时，你要像一个电影导演一样，把镜头聚焦在主题上。

给“好问题”画思维导图

请通读上文带项目符号的要点。尽可能地记住这些要点，画一幅思维导图来表示，考虑一个“好问题”或“好话题”的性质。

记住，一名艺术家最大的恐惧通常以空白画布的形式体现——最重要的一步仅仅是画出第一笔。用这幅思维导图帮助你消除恐惧，让你全身心地投入画图。画出第一笔，然后继续画下去。记住：画思维导图是一个持续不断的过程，在这个过程中，你要提出一个接一个的问题。

看着你的思维导图，扪心自问你的中心问题。随着构图不断地进行，你要始终检查它的正确性，若有必要，随时准备调整。

用简洁、有力的图像

正如你要探讨的问题或话题一样，你的中心图也要简洁而有冲击力——仅用少许的几种颜色以表达品牌标志般的感染力。中心图的线条要画得简洁清晰，还要突出中心图。

随着你在导图的分支上越来越多地标注图像和单词，思维导图逐渐铺满整个页面，很好地证明了你的大脑在产生越来越多的想法。如果你的思维导图开始显得拥挤，就说明你需要画“迷你思维导图”了，或者叫作“子思维导图”，通常，“迷你思维导图”自身有可能扩展成大思维导图。

为观点留白

让我们假设问题似乎并未出现在中心图上。你喜欢这幅中心图：它是多彩的、引人注目的、有效果的，能够迅速触发你想象力中的各种关联。

如果是这种情况，仔细看着你思维导图中的主干。主干是形似茂密的森林，还是像肆意乱生的荆棘？你还能在这“乱丛之中看到树干”吗？

清晰性是思维导图的一个重要元素。就像日本的插花艺术强调不对称性与留白一样，你思维导图中每条分支间的空白区域，在某些方面看来与分支本身同样重要。

> 绘画创作中的“负”空间能帮助衬托物体的边界，并增加构图中的平衡。

善待杂乱

尽管一幅导图可能被画得凌乱不堪，但远不足以被视作一场灾难。你最后画出的如果是一幅杂乱的思维导图，也没有必要为难自己。通常，一幅杂乱的思维导图仅仅反映出你画图时的思维过程，也可能你是在做通话记录或做课堂笔记时匆匆画出的思维导图。如果是这样，你的导图反映出你在密切关注一段迂回曲折的讨论或对话时，在画图速度上遇到了挑战。

如果你觉得自己的导图画得太乱，那么我会建议你换个角度再看一看：即使你的导图凌乱地遍布页面，难以辨识，你也要为自己取得的成果感到高兴！尽管你的导图可能不是一件精美的画作，但它仍是一份宝贵的初稿，以此为基础可画出第二稿的思维导图。毕竟多数伟大的画家都是先画草图，然后才完成他们的杰作的。

在你开始画第二稿的思维导图之前，先检查你第一稿中的组织构架是否存在纰漏，是否存在关联较弱或者关联错误的情况。

回想在第二章中马雷克·卡斯佩斯基是如何将思维导图比作花园的。在你的第二稿思维导图中，要删除不必要的主干和子分支以保证清晰明了。如果有必要，可以重新组织主干结构，以保证基本排序观点依据逻辑和数序分布。对于那些你想保留的分支，要保证它们固定在适当的位置并愉悦地伸展——就像有坚固框架支撑的果树那样。

一旦剔除了多余或重复的分支信息，新的分支就可能出现，

关于“杂乱”的注解

再思考一下我们对于“杂乱”的定义！

我敢说，“整洁”笔记和“杂乱”笔记的概念，是被学术领域那些习惯用线性思维的人随意定义的。对于他们来说，“整洁”笔记沿横线书写在纸上，就像用石灰粘在树枝上的小鸟；而“杂乱”笔记翻腾跳跃，结合了文字、标记、符号和数字。

甚至有些人将诸如列奥纳多·达·芬奇和查尔斯·达尔文这些天才的笔记形容为“杂乱”。事实上，我们应当重新思考对“杂乱”的定义：

多彩、有分支、“乱糟糟”的笔记在作用和效果上一点儿都不糟。

鉴于线性笔记法很难建立关联，不能建立深刻的连接，排斥大脑中的人类语言，我们还要称之为“整洁”吗？我认为线性笔记法实际上在许多方面是杂乱的，它在思维、逻辑、创造力、信心、快乐和潜在趣味方面很糟糕。的确，我甚至可以说它们把生活搞砸了！

以独创性观点和关联的形式产出新的成果。

再画一遍你的思维导图。你打算如何做改进？

种下迷你思维导图

你在回顾自己思维导图的过程中，会发现一些观点或者问题可以有效地演变为迷你思维导图，尤其是如果在主导图中继续探讨它们会出现复杂问题，难以解释的时候。迷你思维导图就像围绕星球的卫星一样，围绕着主导图，它们可以从更微小的细节入手，探讨主导图的某些方面，还不会使主导图变得杂乱。

假使空间足够，可以将一两幅迷你思维导图与主导图画在同一张纸上。如果空间不足，就另用纸张。想象在一个家中，随着时间的推移，孩子长大了，就需要有自己的房间。要像对待一个真正的孩子一样对待这些迷你思维导图：不要嫌弃，要鼓励；不要消极地对待它们，要善待它们。

如果你发现主导图中提出的问题比答案还多，那么迷你思维导图会是特别有用的工具。在使用迷你思维导图解决任何新问题的同时，还能保证不另起炉灶、不偏离主题。比如在写论文的时候，你甚至可以用迷你思维导图来探讨一个论点的正反两个方面，特别有用（见第五章关于在冲突解决中使用思维导图的内容）。

让重复来引导你

有时你会发现一个看似无关紧要的词在一幅思维导图的一条又一条分支上重复出现。这不是问题，而是突破。

> 通过重复出现，一个关键词变成
> 关键的“**关键**”词
> 甚至是一个
> “关键的‘**关键**’”的**关键**词

一个词在其他分支上再次出现并不意味着多余或乏味，恰恰相反，它强化了其所指代的观点。

当你发现一个词重复出现时，你就在它下方画横线以示强调。如果它重复出现了三次，你就在每一处都用小方框把它框起来：显然它非常重要了！如果它重复出现了四次甚至更多次，那么它是在“张牙舞爪”地引起你的注意！画出立体的方框把它框起来。把这些方框连起来，形成一个巨大的方框，把整幅思维导图包围起来。把这个大方框也画出立体的效果。

因为一个起初相对无关紧要的词变成了最重要的词，所以你的思维导图现在被置于一个更大的框架之中。

这意味着你思维的一次范式转移——更是你在解决问题方式上的一次重要飞跃——因为这体现出你在重构对于一个主题的理解和应对方法。

我强烈建议你以这个重复出现的词为新的中心图，并就同一主题画出下一幅思维导图。

摆脱犹豫不决

通常，创建思维导图的实际过程是通过对情况均衡分析而得出一个清晰的解决方案。如果你的思维导图无法引导你选择一种清晰的行动方式，那么就要运用你的直觉判断力。用掷硬币的方法——正面还是反面——决定你要选择哪个选项。记录下你的反应强度，以及这种反应是失落还是欣喜，然后通过你的感觉来决定哪种选择对于你来说是正确的。

如果你还不能做出决定，那就进一步使用思维导图和迷你思维导图来探讨你两难的处境：不要拖延。拖延是一种对精神的消耗，并且会起到反作用，而追求明确的行动方针是自由且充满活力的，并能指向直接的生活经验，即使这种经验也许并不总能达到预期。

积极主动地做些事情总比无意地沉溺在惰性的泥淖中好。

坚持到底！

如果你制作了一幅思维导图，却发现对它有强烈的负面反应，不要忧虑！

> **画思维导图时保持耐心是关键，我会劝你“努力，努力，再努力”！**

重上摺倒你的马背

也许创建思维导图的想法在这个阶段看起来前景渺茫：你担心没有“正确”地掌握它，认为自己没有足够多的好想法，不喜欢自己的画，对最终的结果感到失望。我的建议如下：

画思维导图摆脱担忧！

对于进行自我分析和处理诸如焦虑、羞怯、过度完美主义、情绪低落和失望等个人问题来说，思维导图是一个很好的帮手。如果你对自己的思维导图结果不满意，就画一幅关于自身经验的思维导图。

例如，你可以从中心图开始，画出自己很沮丧的样子。现在快速地画一幅思维导图，坦率和诚实地表达出你在画思维导图的过程中存在的任何复杂的想法和感觉。

下一步是在这幅草图的基础上，画出一幅更加均衡、更具分析性的思维导图，其基本排序观点能更深入地发掘你的情绪。例如，请思考：

- 你的感觉的实质——这种感觉是否有不同的层次
- 身体的感觉
- 它们如何影响你的行为
- 它们如何影响你的生活
- 在何种情况下，你会发现自己也有类似的感受

- 这些感觉可能源于过去的事件
- 为了应对这些情绪，你需要何种外界帮助

检查你情绪的每个方面，以及引发这些情绪或与之相关的经历。一旦你做了这些，并且对发生在自己身上的情况有了更清楚的了解，你就会发现自己正在有效地驱除那些影响你体验画图乐趣的负面情绪。仅仅是写下问题这样一个简单的动作，通常就可以使问题分解开来，帮助人们正确地看待问题。

这是每一位老师的口头禅，如果你想要在任何领域达到精通，坚持就是胜利——包括思维导图。思维导图会增强你坚持的能力，因为它们会持续为你提供解决方案，帮助你解决问题，并在这个过程中为你持续的努力注入能量。

我之前已经提到过，成为一名有成就的思维导图师不需要你掌握高超的绘画技能：你画的思维导图越多，你必然会越来越擅长于绘制和使用它们。但是，如果你真的对自己的绘图技能感到沮丧，那么你可能会发现，iMindMap 软件（一款生成思维导图的软件）很有用，特别是当你将它与手绘思维导图结合使用的时候。该软件会自动为基本排序观点生成粗的、有机的主干，并为子分支自动生成更小的分支。它还拥有一个包含数千张高质量图像的

图片库（可从第六章获取更多信息）。

如果你在画思维导图时遇到障碍，那么你要记住这不是一个线性的过程。你不需要一直纠结在一个问题上，只需优雅地绕开它，走另外一条路！

与其受到线性笔记的封锁，不如让思维导图为你打开世界的大门！

用思维导图解决问题

你是否曾经在半夜被一个问题折磨得睡不着觉？你躺着思索问题的时间越长，问题似乎变得越难。每次你想到它，就会出现另一个复杂的问题，直到整个难题看起来就像一个复杂的凯尔特结，永无终止。

当你第二天早上起床的时候，问题往往会在晴朗的日光下呈现出不同的结构。它似乎不再那么令人望而却步或难以解决了。通常只需要一些可以冷静思考的时间就足够了。实际上，也许你所要做的就是将它写下来，以便掌握它……要想创造一段冷静的时刻，并正确地看待这个问题，你可以把它绘制成一幅思维导图。

首先，画一幅与问题直接相关的中心图，或者宽泛地以“解决问题”为中心观点来画。对于主干部分，你可以从定义问题及其原因开始，然后去探讨其积极和消极的影响。另一条主干用来探讨在处理这个问题时如何寻求帮助。记住，你自己对困难情况的反应是唯一一个你能完全控制的行为，而自助和其他人的帮助一样重要。然后，你的思维导图就可以进入规划阶段，最后进入解决问题的行动阶段。

一定要确保思维导图上的文字和图像是积极并有启发性的，使你的思维发散，而不是受局限。要避免使用太多的消极词汇，因为这些词可能会削弱思考效果，甚至没有效果。这些图片可以作为真正的灵感来源，也可以提醒你需要做什么——在第 126 页的例子中，一颗显著的发光的心象征着“勇敢”，而一扇敞开的门代表着“开放”。记住你的符号，使用思维导图所提供的概述，你就会逐渐得到一个可行的解决方案。

因为思维导图模仿大脑自身的工作方式并刺激其行动，制作思维导图的行为将调动你的思维过程：思维导图的过程不会被焦虑禁锢，也不会让思维陷入飞行模式，它会为你注入能量并提供清晰的思路，帮助你应对和摆脱困境。在通过这种方式剖析你的感受时，你很可能已经发现并且能够处理一些情绪倾向了，而这些倾向原来一直在减损你对生活的享受。

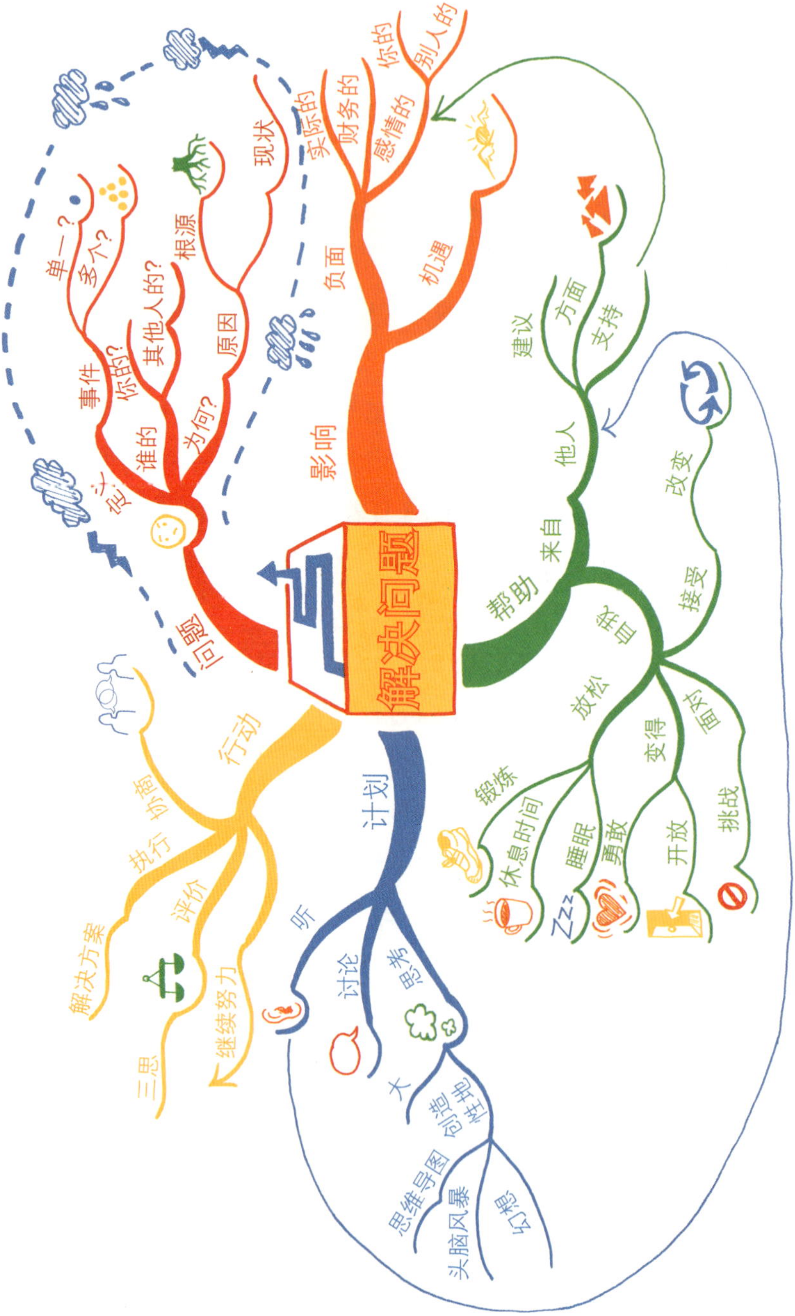
解决问题
问题
定义
谁的
事件
单一？
多个？
你的？
其他人的？
为何？
根源
原因
现状
影响
负面
实际的
财务的
感情的
你的
别人的
机遇
帮助
来自
他人
建议
方面
支持
改变
接受
自我
放松
锻炼
休息时间
睡眠
Zzz
变得
勇敢
开放
面对
挑战
计划
听
讨论
思考
大
创造性地
思维导图
头脑风暴
幻想
行动
协商
执行
评价
解决方案
三思
继续努力

解决问题的思维导图

大胆构想的魔力

思维导图是很好的探路者。

阿里夫·阿尼斯是一位一流的国际教练，也是一位畅销书作家，指导过企业高层领导人、国家元首、电影明星和首席执行官，但并不总是如此。他的事例鲜活地证明了思维导图解决问题的能力。他曾一度感到沮丧和困惑，是思维导图帮助他明确了生活方向，从那时起，他就一直在使用思维导图。如今，他是一位成功的商人和作家，是一位思想权威人士，也是为其他人带来灵感的人。以下是他的故事：

就像他们说的，如果你是一个幸运的学生并且心存期望，那么不用你去找老师，你的老师自然会来找你——所以我在人生的关键时刻遇到了思维导图。

从心理学专业研究生毕业后，我怀着沉重的心情离开了大学。我感到迷茫、困惑和害怕。校园以外的生活似乎真的令人望而生畏。选择什么？走哪条路？我的余生将走上什么样的职业生涯呢？如果我选错了呢？对未知的恐惧让我不知所措。

我有太多的选择，很难将它们区分开。我似乎迷失在生活的深渊中……后来我在当地的书店里发现了东尼·博赞关于思维导图的畅销书，我的生活自此发生了改变。

我开始画思维导图。一开始，我画得很糟糕。但是在那些颜色和图像中有一些东西……慢慢地，随着我走出每一步，道路开始浮现并逐渐变得清晰。终于，我看到了整条大路，并看清楚它将指引我到哪里去。我开始恢复了信心。我现在心怀使命，清楚地知道自己想要什么样的生活，并知道如何才能实现生活目标。我获得了清晰的、色调丰富的全局图景。从那以后，一切都变了。

当我回顾自己的生活和重要事件时，我发现它们有一个共同点：都与思维导图有关。无论是我作为一名实习心理医生的第一份工作，还是我为巴基斯坦最难的考试做准备，或是与最强的精英竞争政府部门的理想职位；无论是我的婚礼计划，还是写作我的畅销书。思维导图给我的决策带来了协同和清晰，并让我获得了成功。

让我感到惊讶的是，仅仅学习了40天，我就通过了全国最难的考试。而我知道了自己能用更少的时间拥有更多的收获。我的工作效率翻了两番，我的人生选择也是如此。我不再受生活的驱使或哄骗了。我知道我想要什么，以及如何去实现。

今天，我有幸向成千上万的巴基斯坦人教授思维导图。

他们当中有学生、培训人员、实习生、官员、营销人员、销售人员、医生等。这一实践已推广到数十所学院、大学、企业组织和培训机构，并激励了成千上万的思维导图者走进与他们相关的学科的世界。

思维导图也启发了我的下一代。我的两个儿子萨罗什和法利克里在四岁时初识思维导图，他们很快就喜欢上了画图的过程。起初，他们用思维导图来表达自己的想法和计划家庭假期。他们渐渐地为之着迷，我和我的妻子乌兹玛在家里到处都能看见思维导图——墙壁上、壁橱里和沙发上。如今，思维导图是儿子们学习技能包中重要的工具之一。更重要的是，思维导图锻炼了他们的思维能力，同时调动了他们的创造性本能。

我很自豪地说，我们是一个“思维导图”之家！

05

第五章

跳出思考边框，创造无限可能

你手中握有一个非常强大的思维工具，现在你准备把它应用于更高的层次。下一步你将如何使用思维导图呢？如何使用它来改善你自己的生活以及其他人的生活呢？本章提出了思维导图在大量不同情况下的应用，包括第二章探讨过的，在你生活中最重要的领域——家庭、工作、教育、创造力、健康和记忆，指导你如何使用更高级的思维导图技巧。

一种直觉和逻辑工具

思维导图是同我们与生俱来的人类语言一起发挥作用的。我在第二章中阐明了我们是如何天生就会这种语言的：即使是在婴儿时期，我们的大脑就开始通过思维导图的形式来学习了。由于思维导图基于我们本能地看待世界的方式，它自然有着无限的应用，每一种应用都是像我们一样的个体。

> 通过无限的应用，思维导图已经演变成了一种元语言：语言本身的语言。

这种元语言对大脑的逻辑和直觉两方面都有影响。思维导图强调关联和想象的双重力量，这意味着一些人认为思维导图不适合被用于技术学科或数学等理性过程。这种观念完全是不正确的。

我们已经看到，思维导图具有高度的逻辑性，因为它的根基是关联逻辑（见第三章）。思维导图是非常结构化且服从于构建规律的，遵循这些规律将永远确保其清晰、有效。规律鼓励大家在构建思维导图时采取有序的方法。此外，如果那些痴迷于逻辑思维方式的人愿意的话，他们可以通过关联，一次只画一条主干，然后再画下一条主干。

思维导图的结构使其非常适用于需要分类和设计流程的学科，如物理、化学和数学，正如迪利普·阿巴亚斯卡拉博士在第

思维导图召唤行动

本书推荐序的作者多米尼克·奥布莱恩曾多次获得世界记忆锦标赛冠军，也是记忆技巧类畅销书作家。他还是思维导图诸多益处和应用的主要倡导者。

对于我来说，思维导图是克服拖延症的好方法。有时候，一想到写一本新书或准备一门记忆课程，我就会觉得任务艰巨：有这么多主题要讨论，很容易掉进“我该从哪里开始？”的陷阱。

拿起一张空白的A4纸并将其水平放置，我便可以直接投入一个项目，画出我即时的想法了。在通常情况下，首先从我脑海中蹦出的想法是我最需要讨论的话题。因此，思维导图能使我对项目所必需的东西进行优先排序。

如果真的有一幅排序的思维导图就在我面前，那么对话题的精确顺序再进行微调就容易得多。通常，在以下情况下，我会经历这样的过程：

- 写一本关于记忆的新书或文章
- 组织研讨会或演讲
- 筹备重要会议
- 收集新客户的详细背景信息
- 理解一个复杂的课题，无论是政治课题还是科学突破
- 搬家或准备旅行计划

◇ 优先排序“待办事项”

也许最后一项——“优先排序”——对于我来说是思维导图最有益也是最重要的应用。有时候，人太容易迷失在当下了，我以为自己是在挑战中被磨炼，却发现原来这所谓的挑战其实是微不足道的琐事。“待办事项”的思维导图让我能够退一步思考，并且想起自己真正想要实现的人生大目标。

人们经常说，思维导图是大脑的“瑞士军刀”。以我的经验而言，这是最好的描述！

多米尼克·奥布莱恩关于思维导图对记忆有益处的思维导图

二章中讨论他如何在实验室工作中使用思维导图时所描述的那样。思维导图是有用的工具，能够将科学主题分解成部分，也能进行概述。

思维导图也可以作为一种直接的刺激，促使我们积极行动。下面是我最喜欢的一句话，出自苏格兰登山家兼作家 W. H. 默里，它准确地表明，一旦我们承诺做某事，一切似乎都会顺理成章——而创建一幅思维导图是做出这一承诺的理想方式。

> • 关于所有的主动（和创造）行为，有一个基本的真理：当一个人明确地做出承诺时，天意随之改变。对这个真理的无视扼杀了无数的想法和宏伟的计划。
>
> ——W. H. 默里，《苏格兰人的喜马拉雅探险》

多维思考：六大领域，98 种应用

除了我收到的关于那些生活完全被思维导图改变的人的许多故事，如今互联网上数以百万计的思维导图和原始思维导图的例证使人们越来越清楚地认识到，思维导图的应用是无限的！

第 136~137 页是这些应用中的一个样本目录：我们可以在以下 98 个领域使用思维导图，为我们每个人谋求益处。以这张列表作为灵感和起点，开始你的思维导图探险吧。若能知道你的表现，

◇ 思维导图的 98 种应用 ◇

◆ 家庭 ◆		
安排旅行	家庭关系	规划未来
慈善活动	发展友谊	关系
给婴儿起名字	婚姻和谐	购物
选择宠物	搬家	举办宴会
记日记	旅行打包	权衡利弊
◆ 工作 ◆		
业务增长	目标设定	组织思想
创建简历	做出决定	规划会议
设计策略	管理	展示
事件规划	管理业务联系人	达到目标
寻找工作	财务管理	销售策略
未来预测	会议纪要	总结信息
升职	组织	团队分析
◆ 教育 ◆		
考古学	选择大学	解释超新星
天文学	提出定义	解释树的结构
生物学	经济学	地理
植物学	工程学	语法
化学	解释神经元	历史

（续表）

◇ 思维导图的 98 种应用 ◇		
◆ 教育 ◆		
信息技术	数学	修改；复习
语言	医学	科学
法学	物理	学校项目
文学	动物学	学习技能
测绘宇宙	政治学	
◆ 创造力 ◆		
艺术	装饰房间	音乐欣赏
作曲	设计建筑	诗歌
创意涂鸦	话剧	理解概念艺术
创建思维导图艺术	园林美化	理解人类语言
创造性思维	体现思想	写书
◆ 健康 ◆		
寻找幸福	心理健康	选定疗法
整体健康	身体健康	灵性
人生规划	自我分析	理解恐惧
◆ 记忆 ◆		
健脑体操	提高创造性思维	学习回顾
获取知识	描绘思想的内部城市	回顾剧情或情节
改善记忆	记笔记	理解课文

画思维导图摆脱担忧！

这项练习旨在使大脑细胞模式中的思维导图的基本要素根深蒂固，从而使思维导图成为你的第二天性。

经过四个阶段，最初的“闪电”思维导图将大脑从自我编辑的“监狱”中释放出来，并跟随一条快速上扬的学习曲线上升。然后，随着你从花费 5 分钟到 10 分钟，再到 20 分钟画思维导图，一旦你的大脑真正理解了什么是思维导图，它就会自由地表达自然的想法。像跑步者习惯自己的步伐一样，大脑也可以更自由地思考，并且在更长时间的活动中以更大的乐趣和更高的效率思考和分析。

我们开始吧：

- 通读思维导图的 98 种应用。
- 现在选择一个主题并画一幅思维导图。只给自己 5 分钟来快速地画出这幅导图。这样做的目的是解放你的思想，非常类似于画家们在完成杰作之前，通常会快速画的那些热身的草图。
- 在短暂的休息之后，从另一个类别中挑选出另一个主题（例如：选择“教育”而不是“家庭”）。接下来，在 10 分钟内画一幅思维导图。
- 从另一个类别中选择第三个主题重复这个过程。在 15 分钟内完成你的思维导图。

- 从剩余的类别中选择第四个主题。在 20 分钟内完成这幅思维导图。
- 随着四幅思维导图从早期阶段发展到一个更成熟的阶段，对比一下它们的细节量和原创性。然后想象一下，如果给你一个小时来画一幅寻求解答的思维导图，你能画出多少。
- 再仔细看一下思维导图。哪一幅最吸引你？为什么？
- 现在，或者当你下次有机会时，画一幅最吸引你的思维导图，直到它在你看来已经完整为止，或者把它作为相同主题的另一幅思维导图的基础。

我会非常激动。

我会在本章接下来的部分里探讨一些例子，阐释如何使用思维导图来应对复杂而富有挑战性的情况，同时围绕你希望在生活的各个领域取得的收获，考虑更大的图景，使思维导图的实践更进一步。

规划高效率生活

我们不仅可以用思维导图来计划下一周的活动，也可以用它来做很棒的日常计划表；同时，它们也可以被用来概括你一个月甚至一年的日程安排。一份思维导图计划表可以用来规划生活，也可以回顾生活；它可以帮你列出优先事项，确保你掌控好自己的时间，实现在工作和休闲活动之间的良好平衡。一份思维导图计划表能有力地确保你过上真正丰富多彩的生活，而不让你被一个不属于你自己制作的或不符合你最佳利益的日程表奴役。

我的个人思维导图一日规划表充满了图像、代码、颜色、关键词和关键符号。这一天最重要的话题会构成中心图。虽然有时候在主干或主要事项上会生成五幅单独的迷你思维导图，像卫星绕行星一样围绕着中间的主导图，但是我通常用五条主干："早上""午餐""下午""晚间""杂项"。

中间的思维导图与页面左上角的时钟图相连接（如第 142 页的练习所述）。将图像、符号和代码画在时钟图的时段当中，让我可以即时地概览自己在未来的几个小时里想完成的事。传统的线性计划表可能只会列出从上午 8 点到下午 6 点的时段，与之不同，我的思维导图日记中的时钟图可分为 24 个小时。我选择在午夜开始我的一天，因为像许多其他创造性的思考者一样，我发现大脑在凌晨时刻能够很有效率。例如，我可以决定从午夜到凌晨 3 点集中精力做一个新项目、写作、构建思维导图或解决问题。

我的思维导图日记中的图像依次连接我的月度计划，所以二者——日记和月计划——协同工作，就像机器里的齿轮一样。我的月度计划显示的关键图像和关键词代表了本月最重要的事件和我喜欢的活动，比如跑步、划船和讲课。

我的日记条目和月度计划协同工作：月度的概述触发我对每日的记忆，每日计划也触发我对该月的记忆。每当我浏览日记时，就像在看我生活的电影剧照一样。

在我发明思维导图和这种将日记与月计划结合的方法之前，我常常大段地忘记我的生活。然而现在，思维导图使我保持新鲜的记忆，我打算继续使用它，直到我倒下的那天！我也希望一旦你把思维导图带来的许多好处和乐趣都放在心里，你也能一直使用它！

除了做出月度计划，你还可以使用思维导图来创建一份年度规划。年度规划的思维导图以每个月为一条主干，而子分支将涉及这个月最紧迫的考虑。这是一个很好的方式，可以规划诸如婚礼、旅行和聚会等重要事件。我还使用年度规划来确保我未来一年在工作、旅行、写作和休闲之间得到良好的平衡。

职场必备工作法

多年来，商界以惊人的热情采用了思维导图，有时这会产生复杂的结果：正如我们在第三章中看到的，许多声称是思维导图的图表根本不是真正的思维导图。然而，当使用者正确地遵守构建规律时，思维导图可以在工作场合取得惊人的成果，它们有着广泛的应用，包括研究项目、制作演示、编写年度报告、管理时间、进行头脑风暴、谈判和战略性地思考。

随着应用层次的提高，思维导图可被用于规划大型公司的前景，并具有其他高级的用途，如解决公司争端。在个人方面，思

一小时、一小时地做

试着为今天做一个思维导图计划条目。

- 首先在页面的左上角画一个时钟。把它分成 24 个时段。
- 用适当的单词、图像和代码填充时钟的各个时段，标出你会花费的时间。
- 今天你需要考虑或落实的最重要的事情是什么？用这个来激励你创作思维导图的中心图。在时钟下方的空间画出你的中心图，并在它周围留下足够的空间。
- 现在，从中心图中创建主干，这要与你日常生活的主要领域或主题相关。用不同的颜色为这些主干上色。从主干上创建出子分支。
- 使用连接箭头将主干和子分支连接到时钟相关的时段，以便二者协同作用——就像发条时钟一样。
- 是否有任何事件、经验或考量应该被制作成迷你思维导图围绕着中间的思维导图？
- 当你完成后，考虑一下，思维导图为你提供了怎样的利用时间的方式？

维导图可以帮助你决定选择什么样的职业道路，以及计划如何获得职业晋升。

决策制定

我们在第四章中看到，在考虑思维导图的结果时，如何应对犹豫不决的情况。在这里，我们将看看思维导图如何在决策过程中发挥巨大作用，从而让你清晰地看到在任何特定情况下的利弊。当然，这是一项在任何生活领域都有用的技能，但在工作场合可能是最有价值的。

简单地以“是/否”来回答的决策通常被称为二元决策（dyadic decisions，dyas 来自拉丁语，意思是“两个”）。要使用思维导图来帮助你做出一个二元决策，就要像构建任何其他思维导图一样。从创建一幅有力的中心图开始，凭借你的想象、关联和直觉画出主干，代表你最重要的考虑因素。

当你在画一幅思维导图来帮助你做决定时，你要意识到你分配给不同分支的颜色和图像会让你洞察潜意识的微妙运作，也许你会通过使用喜欢的颜色来揭示隐藏的偏好，或者通过不喜欢的颜色和图像来揭示隐藏的厌恶。

当你完成关于自己的困境的思维导图时，你要花点儿时间考虑并尝试以下几点。

- 创建思维导图给了你什么感觉？在画主干时，你有没有任何特别强烈的情绪？或者有没有任何一条主干是你毫不关心的？
- 你在这个过程中的任何阶段是否有顿悟时刻？你能在完成思维导图之前感受到前进的方向吗？

- 根据单词的重要性，用 1 ~ 100 中的一个数字对思维导图正反两方的每个关键词进行排序。计算“是”和“否”两方的得分。哪方总分最高？总分最高的胜利。但是你对这个结果有什么感觉？
- 如果你仍然不清楚前进的方向，或者不清楚自己对于思维导图建议的行动计划的反应，就抽出一些时间，离开一会儿去酝酿你的反应。
- 如果你在上述情况下还没有做出决定，请回顾第四章所述的与摆脱犹豫不决有关的过程。

无论你是要决定重新装修卧室还是搬家，无论是选择你的医护人员提出的治疗方案还是接受一份新的工作，思维导图都可以成为你一路上的忠实伴侣，帮助你沉着地面对生活中的大小决定。

非暴力沟通：寻找共同立场

思维导图通常由个人创造，是高度个性化的思维工具，但与其他思维导图的结合也是非常富有成效的。在这个更高级的层面上，结合别人与你自己的观点，找到共同立场并解决争端，是一种非常有用和有益的方式。

在尝试创建一幅联合思维导图来解决分歧或困扰之前，你需要在构建思维导图上获得足够的经验，让规律就像你生命中的一部分一样！

这样，在尝试引导其他人构建联合思维导图之前，你对这个过程就有了绝对的自信。

有两种使用思维导图的方法可以用来解决冲突问题。第一种方法是两个或更多的人轮流构建一幅思维导图的主干，探讨其中的关联并讨论当前的方法。第二种方法是各方单独制作思维导图，然后进行分享、比较和讨论。

我发现最好的方法是先提出问题，然后从积极的方面跟进这些问题，最后再确定解决办法。这样就更有可能保持愉快的讨论，并得出积极的结论，而不是让讨论在消极的氛围中恶化。

无论你采取何种方法，重要的是让每个人都有发言权，让每个人都能开诚布公地发言；不管你是否认同，都要让每个人的意见受到尊重。如果交流变得激烈，就花点儿时间冷静下来。再继续讨论时，要把注意力完全集中在思维导图中的信息上，而不是不自制地进行人身攻击或批评。

如第 147 页的例子所示，解决冲突的思维导图可以从定义当前的问题开始，也许包括每个参与者提供的关键词和他们总结的当前的情况。下一条主干可以探讨这种情况的影响，包括积极（如果有的话）和消极的方面，并着眼于比如对团队和个人感受的影响。然后，继续讨论你们认为还需要什么才能解决当前的问题，以及你们想要什么（需要和想要不一定是同一件事）。最后，根据讨论过程中的发现，探讨解决方案。

一旦交流完成，基于你们已经达成的解决方案，创建一幅联合思维导图算是向前迈进了积极的一步。我在下一页列举了一种可能的方法：两名参与者各自使用一种标识颜色（蓝色和红色）来突出他们的感受和想法，而不是像在思维导图中比较常见的那样，每个分支都被赋予自己的颜色。两人对于有些地方的感受是相同的，因此出现了红和蓝两种颜色，然后再使用第三种颜色（紫色）来标识达成一致解决方案的分支。

为生活而工作，为工作而活着

我认为在拥有世界上最好的工作的人群中，我一定是一个有力的竞争者：我能遇到有趣的人，周游世界，分享我对思维导图的热情，亲眼看见思维导图如何从根本上改变其他人的生活。这太神奇了，真的！我们当中的许多成年人把醒着的大部分时间都花在了工作上。有鉴于此，我认为能找到一份在某种程度上给我们成就感，或者让我们有使命感的工作十分重要。在此重中，思维导图能帮得上忙，如曼尼什·达特的故事所述。

解决
影响
团队
分裂
士气
低落
生产力
下降
感觉
伤心
害怕
沮丧
恼怒
焦虑
无助
机会
沟通
改变
解决方案
确定
关键词
侵犯
欺凌
偏袒
不合作
不起帮助作用
不忠诚
解决方案
计划
时间框架
行动
第一步
第二步
第三步
合作
一致
决心
承诺
想要
支持
尊重
导师制
忠心
尊重
幽默
需要
本质的
注意细节
沟通
清晰的
诚实的
坦率的
价值观
努力
主动性
团队意识
领导力
合作
辛勤工作
尊重
好意

解决冲突的思维导图

靠自己开始的勇气

曼尼什·达特是一位成功的作家、演说家和培训师。他在德里做化学工程师的时候，意识到如果想追求自己真正热爱的事业，就需要做一些改变。以下是他的故事：

大多数“老实”的公司员工都怀有创业的雄心，但却没有获得足够的能量去追寻自己热爱的事业。曾经的我也没什么不同。在被思维导图这只“昆虫”叮咬了之后，我正考虑辞去自己的工作，全身心地追求这种激情。然而，鉴于我只有 20 年的常规工作经验而没有创业经验，这绝不是一个容易做的决定，因此我有一些疑虑和恐惧。

但在一个安静的周末，当我决定给我面临的挑战画思维导图的时候，一切都变了。我制作了一幅包含四条主干的简单的思维导图，如右页的图片所示。

在导图右边的两条分支上，我分析了如果不换工作可以避免的痛苦，以及通过继续工作而获得的乐趣。在第三条分支上，我分析了如果我继续做当前的工作，长时间以后会经历的痛苦。最后，第四条分支分析了如果我成为一名自由职业思维导图培训师 / 顾问会得到的快乐。

这幅思维导图——尤其是最后一条分支，揭示了我所有快乐的情绪——给了我必要的勇气去尝试冒险，去毫不迟疑地开始自己的事业。于是，在接下来的周一，我递交了辞呈，开始了我作为一名自由培训师的事业。我很高兴地确认，如果我做出改变，就没有回头路可走：我真的在经历导图中所画的一切。我强烈地鼓励其他处于类似困境的人尝试一下画这种思维导图。

曼尼什·达特现在是一位非常成功的环球思维导图导师，著有《有效项目管理的思维导图》等书，这些书可以在著名的哈佛商学院图书馆的书架上找到。

曼尼什·达特关于自己职业生涯挑战的思维导图

设计公司愿景

2015 年，阿拉伯科学家和数学家曼娜赫·塔贝博士创造了吉尼斯世界纪录，她在 30 分钟内就教了 1 350 名学生如何使用思维导图。她也是“超级思维导图”的创作者，当我在迪拜见到这幅思维导图的时候，我大吃一惊。

曼娜赫告诉我，在获得世界纪录后，迪拜国际电影节主席阿卜杜勒哈米德·朱马联系她，请她制作一幅关于迪拜国际电影节的运作、范围和全球定位的思维导图。此外，阿卜杜勒哈米德要求曼娜赫邀请我在这幅思维导图完成后签名。

在三天的时间里，曼娜赫对迪拜国际电影节的一支经理队伍进行了思维导图培训，并指导他们收集和整理需要的信息。以

塔贝博士在构思迪拜国际电影节思维导图的初稿

我很高兴也很荣幸能在“迪拜国际电影节思维导图”上签名

前从来没有哪个机构尝试过这样的项目，因此一些团队成员起初对这一过程持怀疑态度也是可以理解的——在他们看来，这只是一堆杂乱的颜色和曲线。起初他们不相信思维导图能帮助他们提高创造力、记忆力和智力。然而在这三天结束时，他们完全认同了。然后曼娜赫和她的团队花了一整天来绘制思维导图。他们的合作取得了了不起的成就。迪拜国际电影节思维导图是复杂、全面而实用的，并且每处细节都遵循了思维导图的构建规律。它提供了该公司当时的全面概况，同时也强调了其潜在的发展和扩展领域，这使它成为指导公司成功走向未来的完美工具。

据曼娜赫回忆，在做这件事的时候，她的肩膀酸痛得很厉害，感觉自己就像米开朗琪罗在画西斯廷教堂的穹顶！我告诉她，能在“迪拜国际电影节思维导图”上签名是我的荣幸。我越看越感觉它宏伟。据我所知，这是第一个从微观和宏观的细节来审视一个主题的思维导图，它既描绘了过去，又凸显了可能的未来。

从认知自我到深度学习

在第二章中，我解释了在对抗无知的战斗中，思维导图是如何像士兵一样用他们的大炮赋予你的大脑力量的。无论你是在设计讲稿、准备演示，还是在撰写论文，思维导图都是一种很好的整理和表达想法的方式。它们可用于语言学习、实施高级笔记法和成果摘要，以及论文写作和研究项目。如果你在教育方面有一个目标，思维导图也可以帮助你实现它。

获得过大英帝国官佐勋章（OBE）的雷蒙德·基恩是一位国际象棋大师，是《泰晤士报》和《旁观者》杂志国际象棋报道的记者，也是国际象棋史上最多产的探讨国际象棋思维的作者。他创建的思维导图在第 155 页，解释了现代国际象棋的历史。

像本地人一样学习

通过色彩和图像的运用，思维导图使语言脱离页面，并释放大脑活力，使其就像脱离笼子的鸟儿一样，在创意和关联的领域里自由飞翔。这就是为什么思维导图是学习第二语言的好方法之一。当你在学校的时候，你是不是必须要记住单调、乏味、单色的词汇表呢？难怪我们中的许多人都发现学习语言很难。不像线性教学法和令人头脑发蒙的单词列表，思维导图是学习新词汇的极好方法。

与其他教学方法相比，思维导图有一个优势，因为它是人类语言本身的产物（见第一章）：因此，思维导图本能地超越了类

词汇实验

下面是一些瑞典文单词和它们的英文对应词，是以老师们都钟爱的列表形式呈现的。你的任务——如果你愿意接受的话——是根据这些词汇创建一幅思维导图。一定要使用颜色、大量的符号和适当的信息群组。

Människa	human being	（人类）
valp	puppy	（幼犬）
man	man	（男人）
katt	cat	（猫）
kvinna	woman	（女人）
kattunge	kitten	（小猫）
barn	child	（儿童）
fågel	bird	（鸟）
hund	dog	（狗）
fisk	fish	（鱼）

一旦你创建了思维导图，花大约 20 分钟来思考和记忆它。

你准备好之后，就遮住你的思维导图和词汇列表（不要作弊）。接下来，回答以下五个问题：

“人类”的瑞典文单词是什么？

Kattunge 对 Katt 就像____________对 Hund。

Kvinna 的英文单词是什么？

你希望在哪里找到一只 fågel——是在天上还是在海里？

“儿童”的瑞典文单词是什么？

探讨成就的思维工具

看看右页的思维导图。它能告诉你什么？

在导图中，国际象棋大师雷蒙德·基恩描绘了国际象棋的历史。他从失落的乌尔城的游戏开始，然后讨论到阿拉伯人发展的沙特兰兹（国际象棋的前身），描绘了文艺复兴时期国际象棋的变化，最后受到西班牙的影响，形成如今的国际象棋。

这幅思维导图所依据的文章长达 1 000 多字，记录了 5 000 年的历史，而雷蒙德的思维导图使所有信息一目了然。用他自己的话说：

在准备一篇演讲或写一篇文章时，思维导图的优点是双重的，作者不断地受到导图分支的刺激，产生新的、更大胆的想法；同时，关键词和中心图确保人们在讲述和书写的过程中，不会忽视任何一个要点。

思维导图在这方面特别有用。在不翻页的情况下，思维导图可以事先通知听众演讲的结构和要点。因为你总是在一个页面上操作，所以你可以告诉听众你计划说什么，并自信

国际象棋由古至今的复兴演变

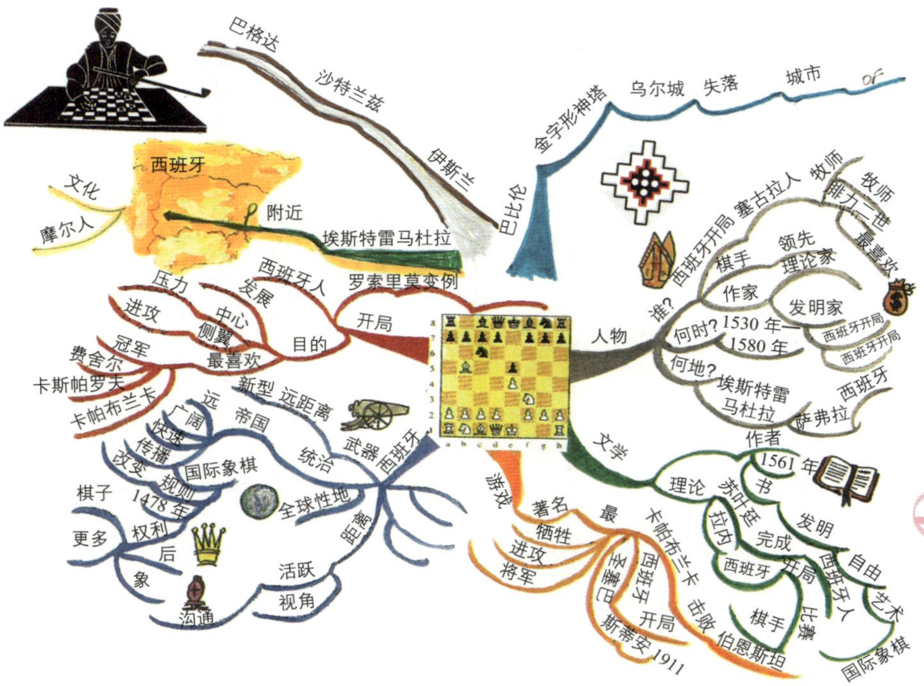

雷蒙德·基恩关于现代国际象棋演变的思维导图

地说出来，然后你可以重述以表达你已经证明了自己的观点。线性笔记的缺点就是结尾部分通常由时间而不是意义来决定，从本质上说，它是在一个随机的时刻发生的，在笔记终止的地方就结束了。

假设讲师完全掌握了自己的主题，这些关键词就会催化出他们的热情和即兴的想法，他们就不会再枯燥地讲述那些通常由日期决定而不是由有意义的内容决定的事实了（例如，讲座从主题萌芽时开始，到主题终结后才结束）。如果演讲者没有完全掌握这一主题，线性笔记只会使情况更糟糕。无论是写文章还是口头演讲，思维导图就像一艘船的舵，在演讲的大洋里指引我们航行。

别分隔，以便在不同的类别之间建立连接和联系。在语言学习中，信息群组也可以非常有效地用于其中，它可以将相关信息分到便于记忆的群组中，反映出大脑处理信息的方式。

激发创作天赋

如果你已经根据这本书中的练习制作了思维导图，我希望你现在能清楚地认识到，你天生就是有创造力的：你一直在利用你的关联和想象能力来创造高度个性化和独特的思维导图，以此来表现你大脑的运作方式。

我见过许多思维导图，其本身就是奇妙的艺术作品，有着令人眼花缭乱的色彩和创造性的图像。不管一幅思维导图是否属于这一类，它都能激发我们创作的灵感。例如，它可以被用来塑造一座雕塑或设计音乐剧中的一个动作，也可以为诗歌和散文作品提供灵感。

像诗人一样写作

你可能认为诗歌是只有“诗人”才能尝试创作的东西，但借助思维导图，你也能找到你的“诗感”。诗歌一直是我生活的动力之一。在第二章，我鼓励你学习爱德华·里尔的打油诗。第 159 页有一个练习，请你自己写一首诗歌。但是，我想先分享自己的一首简单的小诗，其中的意象就像思维导图中的分支一样在流动：

快乐麻雀
翻筋斗，
秋叶
翻滚在
春季的
风里。

如你所见，这是一首很短的诗，就其简洁度和中心思想而言，它很像一首日本的俳句诗，尽管它不是俳句正式的三行结构。我与你分享它是为了表明，你不必选择一个宏大的主题或一个精心设计的韵律来写一首对你有意义的诗。按照右页的说明，就用一个简单的主题画思维导图，去遇见你内在的诗人！

出版！

正如你们可能已经注意到的那样，许多思维导图实践者已经成了作家。如果你正在考虑写一本有关自己的书，就用一幅思维导图来计划你的写作吧。如今，如果想让自己的书获得成功，你需要考虑的不仅仅是主题。你可以使用主干和子分支来探讨下列话题。

- 这本书的理念：你最初想法的火花、你的方法和野心。你想让它提供信息、惊喜和 / 或娱乐吗？
- 在开始写作之前，你需要做的研究工作：可能是你选择的文体、市场（竞争有哪些）、你的读者（例如年龄和性别），以及文本所需要的背景信息。
- 你对书中元素的规划，比如（如果你在写小说的话）情节、人物和主题，以及写作日程和目标字数。
- 写作过程本身，包括初稿的时间表，以及你会在哪里得到鼓励和反馈。
- 你将如何宣传这本书和你自己，包括如何与你的受众建立

遇见你的缪斯女神

这里有一个练习，让你可以开始自己写诗。首先从下面随机列举的单词中选一个：

玫瑰	冬天	水
桥	云	跌倒
睡眠	迷惑	触摸
叶子	玻璃	刀
沙子	绳子	接触
老鼠	三明治	爱
毛皮	梦	

选好词之后，画一幅关于它的思维导图。使用颜色、图像、代码和连接箭头，尽可能地将思维导图中的主干、二级分支和三级分支展开到纸张的边缘。

- 哪些分支最突出？
- 哪些图像吸引你的眼球并激发了你的想象力？
- 你最感兴趣的联系是什么？
- 将这些刺激因素作为一首短诗的基础。

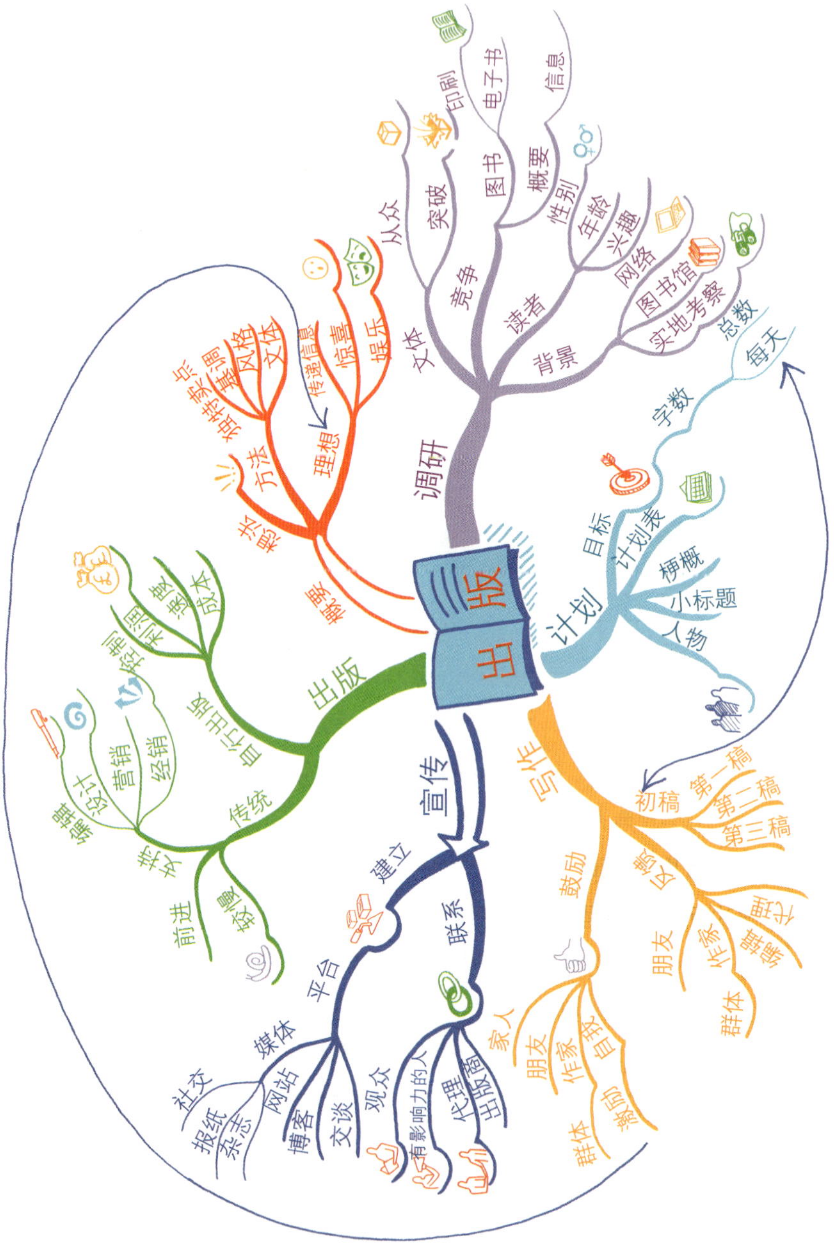
出版
调研
文体
竞争
从众
突破
印刷
电子书
图书
概要
信息
读者
性别
年龄
兴趣
背景
网络
图书馆
实地考察
计划
目标
计划表
梗概
小标题
人物
字数
总数
每天
写作
初稿
第一稿
第二稿
第三稿
鼓励
家人
朋友
作家
自我
激励
群体
宣传
建立
平台
媒体
社交
报纸
杂志
网站
博客
交谈
观众
联系
有影响力的人
代理
出版商
传统
营销
经销
设计
成本
前进
较慢
方法
理想
传递信息
惊喜
娱乐
风格
基调
文体

关于出版的思维导图

联系，并建立一个平台来宣传你的作品，比如通过社交媒体、个人博客和网站等方式。

- 最后，你可能想看看你是想走传统的出版路线，还是尝试自我出版，权衡成本、利润、速度、支持和艺术自由等因素。

使用设计思维原则

设计思维是近些年来兴起的一种实用的、有创造性的、以解决方案为基础的推理方法，通常包括以下方面的变化：

同情——向人们学习
定义——查找模式
想象——设计原则
原型——使有形
测试——迭代

它可以被应用于系统、程序、协议和客户体验。它并非专注于解决问题，而是一个注重行动的过程，侧重于找到理想的结果，并考虑移情和情绪。它还需要逻辑、想象力和直觉。（让你想起什么了吗？）

设计思维就是建立想法，使前进的道路变得清晰，直到一个顿悟时刻到来。由于设计思维涉及使事物变得可见和有形，绘画是它进行创意、分享、对话和交流的主要工具之一。第 163 页是一幅探讨应用基本设计思维原则的思维导图。

因此，思维导图在设计思维方法中起着不可或缺的作用，这个说法一点儿都不奇怪。毕竟，思维导图是关于想象，并使想象在纸上可见来建立想法的。此外，思维导图本身也是一种设计：它让思维变得可见！思维导图和迷你思维导图可被应用于设计过程的每个阶段——从设计的开始到实践——并可被用于从花园的植被规划到扩展业务的计划，再到个人理想生活的设计。

对抗缺陷，掌控大脑

我们已经看到，通过帮助你安排健身计划或享受健康饮食，思维导图可以像你的私人教练一样（见第二章）。

除了在促进一般健康方面的应用，思维导图还被证明能有效地应对诸如自闭症和阅读障碍等多种情况。患有自闭症的人通常有很强的视觉技能，这意味着自闭症儿童通过视觉方法能学习得更好。思维导图是高度视觉化的工具，并且是一种鼓励一边做、一边学的方法。它提供了对一个主题的概述，以及强调不同方面之间的关系，使信息看起来井然有序，从而帮助自闭症学生提高对这些信息的记忆。对于那些有阅读障碍的人来说，短期记忆、集中注意力和排序信息都是他们日常生活中具有挑战性的方面，所以思维导图为他们提供了一种有用的组织和掌握信息的方法。

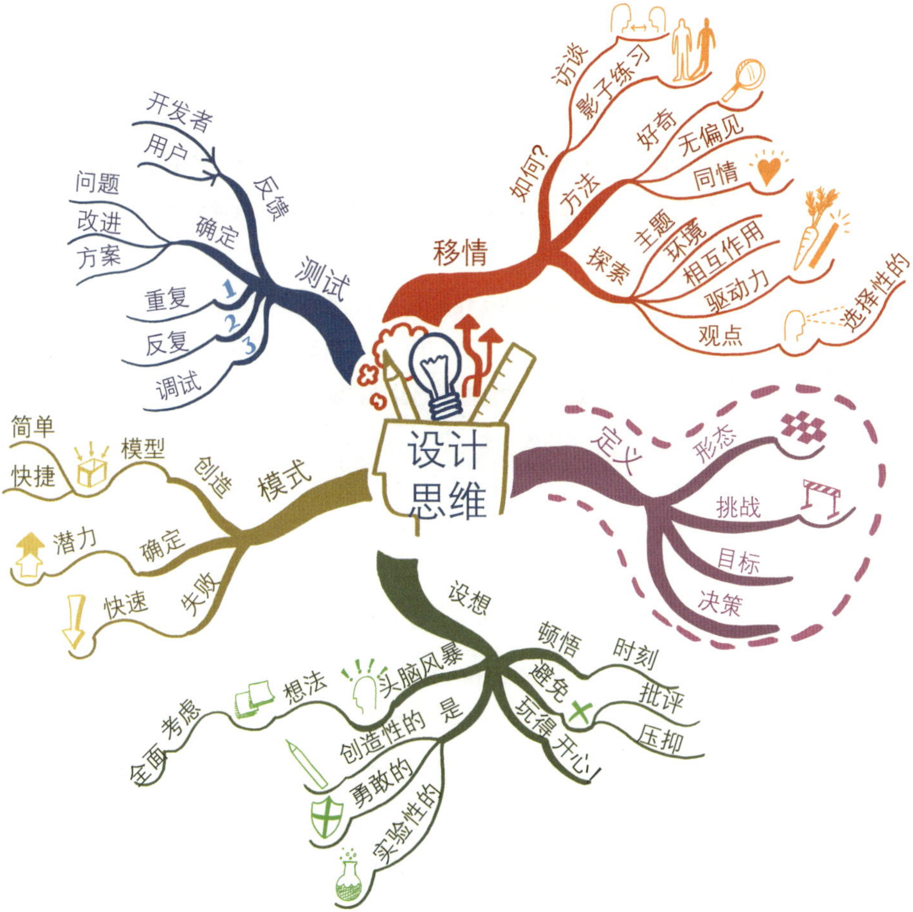

使用设计思维原则的思维导图

凯特·斯瓦弗的故事

当 49 岁的凯特·斯瓦弗被诊断患有痴呆症时，专业人士建议她辞职，理顺个人事务，并充分利用她所剩下的时间。不到十年，她获得了两个本科学位、一个硕士学位，并在攻读博士学位。

今天，凯特是一位已出版了作品的诗人、作家，也是全世界数百万痴呆症患者的代言人。2017 年，她荣获南澳大利亚州的“年度澳大利亚人”，她出色的宣传活动继续将她带到世界各地。

凯特是非药物干预的倡导者，思维导图是她“武器库”的重要组成部分。2007 年，南澳大利亚大学的残疾问题顾问向凯特介绍了思维导图，随后凯特在博客上描述了如果没有思维导图，她是无法正常工作的：“……当思维导图把事情呈现出来的时候，它提供了另一种方法，让我可以找到自己的路。”她的故事说明，思维导图可以帮助像凯特这样勇敢的人，在面对痴呆症这样的诊断时依旧过着充实的生活。

对于那些患有抑郁症和精神错乱的人来说，思维导图可以检验其症状，提出应对技巧和策略，并依据生物学病因提供有用的医学信息。它不仅成了一种诊断工具，而且成了一项行动计划。如果是压力导致的健忘、僵化和恐惧恶性循环，思维导图就可以起到缓解压力、驱除压力的作用。当大脑压力被缓解时，身体压力也会减小，从而改进工作表现，改善身心健康。

思维导图通常可以用来提高你对某一病情的了解，然后设计出一套有用的治疗方案。例如，如果你正在创建一幅思维导图来管理焦虑，你可以从一幅与自己感受相关的中心图开始，然后创建与以下内容相关的主干和子分支。

- 会引发你焦虑的事情
- 焦虑如何影响你的生活
- 适得其反或加剧焦虑的事情
- 帮助你管理焦虑的活动
- 来自家人、朋友和专业人士的支持

思维导图对于照顾者来说也很有用。例如，它们可以用来记录一个人生活的重要方面，比如他们喜欢的生活方式和他们生活中的重要人物或事件。除了社会功能，思维导图还具有医学功能，帮助你安排和商定护理及治疗计划的细节。

与痴呆症的斗争

作为储存信息，甚至是储存巨量信息的仓库，思维导图可以帮助我们在对抗痴呆症等毁灭性疾病的战斗中站稳脚跟。它可以被那些患有痴呆症的人以及照料痴呆症患者的人使用。

2010 年，美国研究型心理学家乔治·胡巴博士被诊断出患有一种无法治愈的早发性神经退行性疾病和痴呆症。他被告知自己的时间不多了。一年后，他辞去了健康和社会保障方案评价员的工作。然而，他并不打算放弃自己。相反，他利用自己的专业经验研究视觉思维方法，希望能使认知能力下降对未来的影响降到最低。

胡巴博士很快发现，思维导图为他提供了一种特别有效和廉价的方式来理顺他的日常生活和记忆，并帮助他为未来做决定和规划。思维导图适用于他当时的思维状况，使他得以摆脱复杂的句子结构和死记硬背。后来，乔治·胡巴写了一篇关于“我的生活是一项正在进行的认知和医学实验”的引人瞩目的博客，在推特上获得了大批“粉丝”，并出版了一本书，名为《思维导图、认知障碍和痴呆症（胡巴的波列罗舞）》。他是使用思维导图应对认知衰退影响的先驱。

对于那些患有痴呆症的人来说，思维导图是一种视觉思维工具，可以用它们来记录记忆、组织日常工作和提前计划。例如，它们可以被用来选择食物和衣服，记忆用药；也可以被用作思维导图日记和时间计划表。它们可以帮助痴呆症患者记住医疗预约和访客。比起使用文字，有些痴呆症患者可能更容易通过图画、素描和涂鸦来表达自己。在这种情况下，思维导图可以作为一种有效的交流工具，帮助他们与所爱的人和关心他们的人建立联系。

思维导图能帮助痴呆症患者和那些支持他们的人充分利用当下时光。

说到做到

接下来的练习将让你体验到，思维导图可以帮助你更快地阅读，提高你的理解能力，做出有用的笔记，使你掌握阅读材料的概要，并记住这些信息。

- 从书架上挑一本书，随意翻开。
- 快速翻到下一章或正文的主要部分。快速阅读以获得其内容的概述。
- 现在草拟一幅思维导图。
- 如果需要，请参考第一章中的构建思维导图的七个步骤，以及第二章中构建思维导图的规律。
- 复读文本以获得更多的信息，并完善你的思维导图。在完善的过程中继续看文本，确保其中包含你需要的一切信息。
- 合上书。
- 只凭借你的思维导图，尽可能详细地回忆这篇文本的内容。

阅读时，大多数人都会觉得记笔记会减慢阅读速度。思维导图对于你来说正好相反：当你的思维导图被微调到文本中的关键词时，你的眼–脑系统就会像侦探一样搜索内容的关键要素——立即形成一个联系网络，给你顿悟般的理解体验。当你完善思维导图时，你将完善自己的理解。

创造神奇

当刘艳赢得2016年世界思维导图锦标赛全球总冠军时，我对她的作品感到敬畏。她在一个压力很大的环境中，用非常有限的时间成功地创作了一幅堪称杰作的思维导图。我记得我告诉观众："无论你是来自中国还是其他国家，请向刘小姐学习思维导图，因为她肯定是思维导图这个领域出色的领军人物之一！"以下是刘艳在获奖时讲述的她自己的故事。

我叫刘艳，来自中国北京。自2009年起，我一直在中国讲授思维导图。当我第一次在东尼·博赞的书中看到思维导图时，我就对它们产生了浓厚的兴趣。23岁的时候，我担任了一幅巨型思维导图的主绘手，这幅图于2009年第19届世界脑力锦标赛期间被放大成600平方米的巨型思维导图，并被悬挂在广州的白云山上，向全世界的参赛选手进行展示。

2011年，我第一次见到博赞先生，当时他正在台上发表关于思维导图的演讲。因为我在观众席中，所以没有机会与他进一步交流。然而，当他的演讲结束时，尽管工作人员试图阻拦，我还是出于对思维导图的热爱，捧着自己厚厚的一本思维导图作品集大胆地走上了讲台。博赞先生看到我画的许多精美的思维导图非常开心，耐心地对我的思维导图作品做了相关指导，我因此收获了很多绘制技巧。从那一刻起，我就决定把我的职业生涯——事实上是我的一生——投入推广和传承这个神奇的工具——思维导图上来。

因此，2014 年 8 月，我远赴英国，在伦敦的亨利商学院向博赞先生学习思维导图，经过系统的学习，我成功地成了中国第一位合格的女性博赞思维导图全球授权认证导师。到目前为止，我已经教了 6 万多名学生！我教过的年龄最小的学生只有 6 岁，在我的指导下，她能够应用思维导图快速绘制出一份精彩的演讲稿大纲，然后站在舞台上进行精彩的演讲。通过学习思维导图，我的许多学生能够应用导图快速地提高他们的学习成绩，职场人士能够让他们的工作变得更加轻松、更加高效。

2015 年 8 月，我带领 81 名学生，用了 2 小时 40 分钟成功地绘制了一幅 120 平方米的巨型思维导图，这是当时中国最大的一幅思维导图。一经完成，我就迫不及待地把这幅巨型导图的照片通过邮件的形式发给了博赞先生。当博赞先生看到这幅巨型思维导图时，他给予了最高的评价，称其“史无前例，前所未有”！

一年后，也就是 2016 年 8 月，我带领 189 名学生用 2 小时 20 分钟完成了另一幅 216 平方米的巨幅思维导图，打破了之前的纪录。这张思维导图的主题是“中华优秀传统文化”，人民网也对此进行了相关报道。

我还和我的学生们一起制作了各种类型的巨幅思维导图，

刘艳创作的围绕"构建思维导图"的思维导图（中文版）

刘艳创作的围绕“构建思维导图”的思维导图（英文版）

包括2017年的一幅主题为“中国”的思维导图，以中国的34个省级行政区域为单位进行思维导图创作。它的创建象征着东西方文化交融的一种新尝试和新突破，寓意中西合璧。在当今中国，思维导图已经成为许多中小学生必备的学习工具，也是许多大企业员工必备的职业技能。我想发挥自己的绵薄之力，把思维导图传递给中国更多的人。我现在已经写了两本关于思维导图的书，一本是思维导图畅销书《你一学就会的思维导图》，另一本是把思维导图与国学经典《道德经》结合在一起，用思维导图来记忆道德经的内容。

2016年12月12日，我参加了在新加坡举行的第八届世界思维导图锦标赛。经过激烈的角逐，一天进行了三个项目的比赛，在用思维导图快速阅读分析一本“未出版的杂志”这一项比赛中，我以史上最高成绩打破了纪录。我还在其他两个比赛项目中创造了新的纪录，每个比赛项目平均只有半个小时。当东尼·博赞先生宣布“今年世界思维导图锦标赛的全球总冠军是刘艳”的时候，我激动地流下了眼泪。无论是对于我本人，还是对于我亲爱的学生们来说，这个奖项无疑是对我十年思维导图教学之路最好的肯定。

展望未来，我的梦想是帮助越来越多的人受益于思维导图这个神奇的工具。我愿意全身心地投入思维导图的教学工作中，并始终坚信思维导图在中国一定会有更加光明的未来！

过目不忘的记忆法

1991 年，雷蒙德 · 基恩和我共同创立了世界记忆锦标赛，这是一项独立于世界思维导图锦标赛的活动，但也属于思维运动领域，也是我促进和提高全球心智素养的毕生事业的一部分。如今，来自世界各地的选手参加了锦标赛，这是一项真正的多元文化的活动。锦标赛由十个不同的学科组成，参与者要在给定的时间内尽可能多地记住信息，如一组卡片的顺序或一长串二进制数字。

世界冠军记忆专家多米尼克 · 奥布莱恩因在 2002 年 5 月 1 日的成就被列入“吉尼斯世界纪录”，当时他只看了一遍就记住了 2 808 张随机打乱的扑克牌的顺序。正如他在本章前面所说的，思维导图是他的工具包的重要组成部分。

我们已经看到了如何使用思维导图来记忆信息。它们本身也可以作为有效的练习，通过锻炼你的大脑来提高你的记忆力。

一幅围绕“构建思维导图”的思维导图

中国思维导图导师刘艳创建的这幅奇妙的思维导图与构建思维导图的过程有关。这幅导图帮助她在 2016 年第八届世界思维导图锦标赛中当之无愧地赢得了金牌，成了 2016 年第八届世界思维导图锦标赛的全球总冠军。刘艳将我的肖像作为中心图，并画出与构建思维导图的重要方面有关的主干，例如方法论、应用，以及通过绘图、使用 3D 效果和思维导图构建规律来创建它的方法（见第二章）。由此产生的思维导图是富有想象力的、智慧的、五彩缤纷且令人愉悦的。它充满了幽默感，使记忆变得容易、有趣。

我希望到目前为止，你们会对思维导图在生活的各个方面所能提供给你们的可能性感到兴奋和好奇。从一张 A4 纸上画出简单的草图开始，一直到覆盖山腰的巨幅导图，思维导图能带你去的远方是无限的，或者说它们的应用是无限的。

06

第六章

人工智能将统治思维导图？

思维导图的未来会是怎样的？本章讨论了数字时代的思维导图及其与人工智能发展的潜在关系。它着眼于思维导图的未来，以及它能如何帮助你顺利地走上自己的人生道路。

思维导图正在进化。这是不足为奇的，因为思维导图反映了人脑的思维过程，而显然人脑不可避免地要服从进化论的原则。

在第一章中，我们看到了思维导图是如何融入历史轨迹的，看到了它是如何在几千年前石器时代艺术家们创造的开创性的标志所引发的一系列事件中占有一席之地的。我们现在可以用手将存在于我们体内、存在于我们人体组织、联系着我们脑细胞的思维导图外化。通过绘画、写字和做标记，大脑和纸上都出现了思维导图。

然而，在我们的新时代，这种平衡实际上似乎都在从手工绘制转向计算机生成，研究人员目前也正在研究，现代技术的发展是如何影响我们的心智和思维过程的。

我很想知道未来将把我们带向何方，也想知道在人类智能应对人工智能影响的世界里，思维导图将扮演什么样的角色。

机器和算法无法取代

很难相信，我和克里斯·格里菲思合作开发第一个有效的数字思维导图软件——iMindMap——至今已有十多年了。克里斯是一位领先的企业家，他在 26 岁时卖掉了自己的第一家公司。他是 OpenGenius 公司的创始人，该公司是思维导图软件 iMindMap 的开发商，iMindMap 目前在全世界有 100 多万用户。我们一起开发了软件，反映大脑的有机本质以及我们的思维过程是如何相互作用的——而同时又遵循着思维导图的构建规律。

不幸的是，许多其他声称是思维导图工具的应用程序和软件包违反了大多数构建规律。这些软件生成的往往是概念图，例如，颜色的使用是配选的，有许多“中心”思想；或者多个单词或短语被错误地塞入方框中并沿着分支分布。在这种关系图中，分支并不总是按照层次结构进行连接、区分或排序的。

检查和比较思维导图构建规律和自称思维导图软件程序的迷你矩阵总是值得的。如果两者不相关，该程序将不会创建一幅真正的思维导图。正如我们所看到的，思维导图的构建规律是建立在健全的心理学原则的基础上的，这意味着一个人离构建规律越远，得到的图表就越没有用。

数字化思维导图的好处

iMindMap 软件遵循思维导图构建规律，生成真实的思维导图，为良好的思维、创造力和回忆创造必要条件。该程序已被证明是一种特别有效的工具，可用于头脑风暴、谈判、纪要、制作精良的演示文稿和制定发展战略。

计算机思维导图的好处包括：

- 必要时可对其进行编辑
- 它们可以通过数字方式备份
- 它们清晰的图形意味着能很容易被读懂
- 它们可以链接到其他多媒体

- 它们为后处理分析提供了便利（例如，回顾各个阶段）
- 使用提供的绘图工具和图标，能很容易生成

当然，数字思维导图的一个不可否认的好处是，它能既快捷又简单地以电子的方式与同事共享简洁而有用的文档，甚至在适当的情况下可由人们注释，从而鼓励团队内部的协作。

接下来去哪儿？

与人类一样，iMindMap 也随着时代的发展和新技术的出现而不断发展。然而，尽管近些年来取得了许多进步，但我相信，我们仍处于思维导图数字化进程的初始阶段。

机器人法则对战思维导图构建规律

1950 年，美国科幻作家艾萨克·阿西莫夫出版了一本具有先见之明的短篇小说集《我，机器人》。他在 1942 年发表的作品《转圈圈》中提出了“机器人学三大法则”：（1）机器人不得伤害人类个体，或者目睹人类个体将遭受危险而袖手旁观；（2）机器人必须服从人给予它的命令，当该命令与第一定律冲突时除外；（3）机器人在不违反第一、第二定律的情况下，要尽可能地保护自己。

今天有些人会说，我们已经到了一个需要积极实施某种形式的机器人法则的地步——如果你愿意的话，为人工智能设计一种“十诫”。首先，他们的担心似乎是有道理的：2017 年 6 月，罗格

斯大学艺术与人工智能实验室的研究人员艾哈迈德·埃尔加马尔、刘炳辰、穆罕默德·埃霍西尼和玛丽安·马佐尼发表了一篇论文，分享了引人深思的发现。研究小组进行了一项实验，在这个实验中，一个新的计算系统产生了全新的艺术作品。这些作品随后在巴塞尔艺术展展出——许多观众都很喜欢它们，以为它们是人为的艺术品！

尽管如此，我相信，在围绕人工智能的大肆宣扬成为现实之前，我们还有很长的路要走。我更倾向于同意美国研究型心理学家加里·马库斯教授的观点，马库斯教授的研究重点是语言、生物学和思维。在为《纽约时报》撰写的一篇题为《人工智能陷入困境，下面是如何将其向前推进》（发表时间为 2017 年 7 月 29 日）的文章中，他指出人工智能系统在现实世界中挣扎，他认为我们需要开发一种新的人工智能范式，将“自上而下”和“自下而上”的知识置于平等地位。他将自下而上的知识定义为我们直接从感官中获得的原始信息，而自上而下的知识则包括对世界如何运作的认知模型。人工智能目前主要依靠自上而下的知识，而不是感官刺激。他的论点是，如果人工智能系统要成为信息的被动容器，那么这两种形式的知识都需要整合。今天的计算机缺乏真正的意识，不知道自己在做什么，因此最终只能依靠程序员的专业技能。在写作时，它们也缺乏认知意识。

我之前提到过，我很想看看思维导图的未来会是什么样子的。虽然很多人相信人工智能的崛起将不可避免地挟持这个世界（想想类似《终结者》的那些电影），但我还不确信机器人能够接近人脑美丽而有机的复杂性。我们已经开发出了精湛的思维导图软件，能够制作令人惊叹的演示，但是我们还没有开发出能够通过有意义的方式使用联系和想象来产生思维导图的人工智能——更不用说在意识到这是它正在做的事情的同时这样做了。如今，即使是所谓的“超级机器人”也缺乏辨别能力，或者当它们看不到台阶的时候，它们很容易面朝下地摔下去！

我不想创造新的机器人法则，我希望看到人工智能有朝一日会发展到能够有意识地掌握思维导图的构建规律，我认为这将是一项真正的挑战，如果实现的话，这将是一项令人难以置信的成就。正如我们所看到的，通过想象、逻辑、联系和个人对世界的理解，思维导图构建规律与良好思维的基本原则是密不可分的。虽然我们已经在 iMindMap 上取得了显著的进步，而且它还将继续发展壮大，但我还没有遇到一个机器人，可以不依靠人类的输入而独立创建一幅思维导图。

我真诚地相信，制作思维导图的能力将成为机器人智能的最终证明。

一段争论谈话

我与波兰思维导图大师马雷克·卡斯佩斯基的谈话总是让我对这个终极思维工具的可能性感到鼓舞和兴奋。我们最近在谈论数字思维导图和人工智能时，马雷克给了我一个启示，我大吃一惊。

“当我第一次看到 iMindMap 时，我非常喜欢它，但说实话，我发现它不够好。”他说道，“原则是伟大的，但思维导图软件本身是二维的——是非常平坦的。在我们的世界里，没有什么是非常平坦的，一切都是三维的。”

我能理解他的意思。

马雷克接着说:“我开始思考一个中心主题，就像控制别人的大脑一样。这是一个三维的东西——我可以旋转它，并从每一个不同的角度看它。然后，我想象从它延伸出来的主干就像卷须一样。不像在 iMindMap 上那样是二维的，而是三维的。所以我很想看一个 3D 的计算机程序，你在那里可以旋转思维导图——就像太阳散发着耀斑。它们不只是朝一个方向移动，它们全朝向你，也会远离你。如果你能把它转起来，你就能看到美丽的 3D 思维导图——就像斯波克在《星际迷航》中玩的三维的、层次分明的国际象棋那样。”

他接着和我分享了开发完全可以在屏幕或平板电脑上使用的 3D 思维导图软件的好处，用手指旋转操作，帮助你理解思维导图的空间潜力，导图的所有不同分支都在 360 度的范围内伸展。

我们现在正处于完善三维 iMindMap 软件的过程中，机遇是无限的。

人工智能经常被认为是一个数字游戏。不可否认的是，这是一场大数字的游戏。即便是像国际象棋这样显而易见的简单游戏，也可能涉及 10 的 70 次方步棋子走法（就是在 10 的后面加 70 个零），这就是为什么 IBM（国际商业机器公司）花了几十年和数十亿美元才开发出一台名为“深蓝”的超级计算机，这台超级计算机曾在 1997 年击败了当时的国际象棋冠军加里·卡斯帕罗夫。

人工智能面临的另一个挑战是抽象战略棋盘游戏围棋。机器人界的许多人认为，人工智能无法掌握围棋，因为这款游戏有 10 的 170 次方种可能的步法，其复杂性是惊人的。然而，英国人工智能研究人员德米斯·哈萨比斯决心解决这个问题。除了是一名研究人员、神经科学家和电脑游戏设计师，他还是一位思维导图导师和两次多学科的智力运动项目 Decamentathlon 比赛的冠军。他还是 DeepMind 公司的联合创始人，这是一家致力于推进人工智能技术前沿的公司。而且，尽管这需要时间，但有了互联网巨头谷歌的支持，DeepMind 成功地开发了一款名为 AlphaGo（阿尔法围棋）的人工智能程序，该程序在 2014 年被证明有能力击败一位世界级的围棋冠军。

当人工智能在智力运动领域击败了世界前两名的运动员时，有些人认为它们马上就会超过我们。但是让我们回想一下那些数字游戏。思维导图从中心辐射出分支（基本排序观点），从每条主干上延伸出更多的二级分支，从每条二级分支上可能会出现更多的三级分支……问题是，理论上可能有多少下级分支可以从任何一条分支上产生——当然，答案是无穷尽的。即使是在二维世界中，思维导图的潜在范围也是不可估量的。

因此，与其专注于开发思维导图软件，我们不如把硬币翻转过来看。与其使用数字技术来推进思维导图的参数，不如反过来用思维导图推动人工智能的自身潜力。

在与马雷克的交谈中，我表达了自己对思维导图未来的设想：需要设立一个数百万美元的奖项，鼓励开发一个新的人工智能软件，就像在国际象棋等智力运动领域为人工智能的发展设立奖项一样。

借鉴 IBM 创建“深蓝”和谷歌支持 DeepMind 的方式，这一奖项由人工智能先驱赞助，将授予第一个能够遵循思维导图构建规律，并自动创建思维导图的人工智能程序或超级计算机。除此之外，该程序要能够复制人类实际掌握和应用思维导图的方式。这一突破性的程序将：

- 创建数百张不同形式、不同图像的思维导图
- 理解它所生成的思维导图
- 证明它能思考
- 用不同的语言表达思维导图中的想法，或者用其他的词来引导倾听智能达到相同的目标，就像人类的思维导图导师可以用思维导图的形式来传达信息一样
- 使用思维导图将思想转化为艺术、雕塑或音乐表达出来，就像现实中的人们可以使用思维导图激发他们的创造力成就一样

听到这个消息，马雷克微笑着对我说，在人工智能当前的发展阶段，即使是所谓的先进机器人也主要是一种模仿其他东西的装置，它会让你以为它在自己思考，但事实并非如此。它只是一

个处理二进制数字的单元：1 或 0，“是”或“否”，非此即彼。但这不是思考：它是反应和计算——但不是思考。它也没有感觉。

我同意马雷克的看法，在输给“深蓝”之后，加里·卡斯帕罗夫讲道，他没有对结果感到失望，但是他很难过，因为这台可怜的机器打败了世界上最伟大的棋手，但它根本不知道自己在做什么，甚至不知道自己赢了。

它也不会做这位国际象棋冠军在比赛后会做的事：“深蓝”永远不会享受一顿美餐，不会倾听周围的声音，不会笑，不会哭，也不会回忆，而会记住比赛中的每一步动作。与加里不同的是，它在比赛中，一毫秒都没活过。

目前的情况是，在可预见的将来，人的元素似乎仍然是思维导图的一个重要组成部分。但是，如果思维导图可以被应用于人工智能的实际开发中——作为一种扩展、挑战和发展人工智能的手段——想象一下这将是多么美妙的事情。如果思维导图能为人工智能做到这一点，想象一下它能以多么惊人的方式帮助你改善自己的生活。作为人类的一员，你是一台超级生物计算机，你的潜力是令人难以置信的。

未来掌握在你手中

当我的书《开动脑筋》第一次被英国广播公司出版时，我被叫到了出版办公室。编辑带着故作尴尬的微笑向我打招呼。“我要坦白一件事：你的书似乎比其他任何书都要更快地从书架上消失。《开动脑筋》不仅卖得像热蛋糕一样快，就连刚从仓库里出来的重印书也销售一空了！”

我笑了。我很高兴自己的书正在“消失”，也很高兴那些渴望学习如何使用头脑和提高脑力的人把这本书买回家。

然而，多年来，有些人以不太好的方式盗用了思维导图。目睹思维导图被滥用和误解，有时感觉有点儿像乘坐一辆被劫匪拦住的马车，然后看着一件珍贵的财宝被劫走并埋在森林里，对任何人都没有好处。

我最关心的——也是写这本书的动机之一——是确保这个神奇思维工具的完整性不会缺失或受损，而且它将继续帮助今天和未来在世界各地的数百万人。我将致力于传授和分享思维导图，希望《思维导图完整手册》这本书能向每个人展示思维导图的真正含义，它是如何演变的，以及它如何能够帮助个人，也希望本书能强化一个事实，即规律是有目的的，其存在也是有原因的，因为它们是良好思维的组成部分。

无论你所处的环境如何，你面临的挑战是什么，或你的希望和野心指向何方，你都会在这本书中发现技巧和见解，这将使你成为一个真正的思维导图大师。我真诚地相信，一旦你完成了这本书中的练习，进而掌握思维导图的绘制艺术，你就会很好地掌握人生的艺术。

现在就开始下一阶段的思维导图探险，制作一幅“改变你的生活”的思维导图吧。在这幅思维导图中，利用你到目前为止学到的所有绘制思维导图的技能，去看到你目前所处环境之外的情境，清楚地表达你的梦想，并找到实现梦想的新的、令人兴奋的方式。一旦开始，我知道你不会停下……

我现在要做的就是祝你用世界上最强大的思维工具赋予你力量，获得成功和幸福。

欢迎来到思维导图全球大家庭！

www.tonybuzan.com

欢迎来到东尼·博赞的世界。东尼·博赞是思维导图的发明者，而思维导图是我们这个时代最强大的“思考工具”。这个网站可以让你了解更多关于东尼本人的信息，以及思维导图、记忆和快速阅读等有用资源的变革力量。

iMindMap

www.imindmap.com

iMindMap 是第一款思维导图、头脑风暴和项目规划软件。它能够使你创造性地使用五种视图，包括快速捕获视图、头脑风暴视图、思维导图视图和时间导图视图等，这些视图有助于捕获、组织、开发、操作和启发你的想法。这个软件被世界许多领先的组织使用，包括迪士尼、英国广播公司、美国宇航局、英特尔和微软。

世界记忆锦标赛

www.worldmemorychampionships.com

由东尼·博赞和雷蒙德·基恩爵士创办，第一届世界记忆锦标赛于 1991 年举行。这是一个共同竞争的框架，使记忆运动领域的国际比赛得以进行。比赛共设有十个项目。

世界思维导图理事会

www.worldmindmappingcouncil.com

世界思维导图理事会由菲尔·钱伯斯和东尼·博赞创立，致力于促进世界范围内的思维导图教学，并推动全球扫盲进程。

Collins, Allan M. and M. Ross Quillian “Retrieval Time From Semantic Memory”, in *Journal of Verbal Learning and Verbal Behavior*, Elsevier,volume 8, 1969.

Elgammal, Ahmed, Bingchen Liu, Mohamed Elhoseiny, and Marian Mazzone, “CAN: Creative Adversarial Networks, Generating “Art” by Learning About Styles and Deviating from Style Norms”,（available online）June 2017.

Farrand, Paul, Fearzana Hussain and Enid Hennessy, “The Efficacy of the “Mind Map” Study Technique”, (available online) 2002.

Haber, Ralph, “How We Remember What We See”, *Scientific American*, May 1970.

Huba, George, *Mind Mapping, Cognitive Impairment, and Dementia（Huba's Bolero）*, (available online) 2015.

Marcus, Gary, “Artificial Intelligence is Stuck. Here's How to Move It Forward”, *New York Times*, July 29, 2017.

Restorff, Hedwig von, “The Effects of Field Formation in the Trace Field”,1933.

Toi, H., “Research on How Mind Map Improves Memory”, paper presented at the International Conference on Thinking, Kuala Lumpur, 2009.

致谢

感谢苏·拉塞勒斯（Sue Lascelles）为这本书的创作提供的宝贵的帮助。

感谢以下的思维导图师和照片拍摄者允许我复制他们的材料。我们已尽一切努力寻找版权持有人。但是，如果遗漏了任何人，我们在此道歉，并且如果收到通知，我们将对未来的任何版本做出更正。以下所有思维导图的版权仍然归其创建者所有。

全球顶级高清摄影图片网站 Shutterstock：第 2 页，第 13 页，第 18~21 页，第 28 页，第 102 页，第 103 页（两幅），第 104 页，第 105 页。

全球顶级高清摄影图片网站 Alamy：第 23 页。

马雷克·卡斯佩斯基的思维导图，第 82~83 页；菲尔·钱伯斯的思维导图，第 91 页；连瑞庭的思维导图，第 108 页；多米尼克·奥布莱恩的思维导图，第 134 页；曼尼什·达特的思维导图，第 149 页；曼娜赫·塔贝的思维导图，第 150 页，第 151 页；雷蒙德·基恩的思维导图，第 155 页；刘艳的思维导图，第 170~171 页。